AF296736

ÉTAT ACTUEL

DE

L'ARTILLERIE DE CAMPAGNE

EN EUROPE,

PAR G.-A. JACOBI,

LIEUTENANT D'ARTILLERIE DE LA GARDE PRUSSIENNE.

Ouvrage traduit de l'allemand,

REVU ET ACCOMPAGNÉ D'OBSERVATIONS,

PAR

M. LE COMMANDANT D'ARTILLERIE MAZÉ,

Professeur à l'École d'application du Corps royal d'État-Major.

ARTILLERIE DE CAMPAGNE FRANÇAISE.

Avec 4 Planches.

PARIS,

J. CORRÉARD, ÉDITEUR D'OUVRAGES MILITAIRES,

Rue de Tournon, 20.

J. DUMAINE, neveu et successeur de G. Laguionie, rue Dauphine, 36.

B. BEHR, à Berlin.
JOSEPH BOCCA, à Turin.
J. ISSAKOFF, libraire-éditeur, Commissionnaire officiel de toutes les Bibliothèques des régiments de la garde Impériale, à St-Pétersbourg.

H. BAILLIÈRE, 219, Regent-Street, à Londres.
DOORMAN, à La Haye.
MICHELSEN, à Leipzig.
Casimir MONIER, à Madrid.

1844.

ÉTAT ACTUEL

DE

L'ARTILLERIE DE CAMPAGNE FRANÇAISE.

Imp. de Giroux et Vialat, à St-Denis-du-Port, près Lagny.

ÉTAT ACTUEL

.DE

L'ARTILLERIE DE CAMPAGNE

EN EUROPE,

PAR G.-A. JACOBI,

LIEUTENANT D'ARTILLERIE DE LA GARDE PRUSSIENNE.

Ouvrage traduit de l'allemand,

REVU ET ACCOMPAGNÉ D'OBSERVATIONS,

PAR

M. LE COMMANDANT D'ARTILLERIE **MAZÉ**,

Professeur à l'École d'application du Corps royal d'État-Major.

ARTILLERIE DE CAMPAGNE FRANÇAISE.

. Avec **4** Planches.

J. CORRÉARD, ÉDITEUR D'OUVRAGES MILITAIRES,

20, rue de Tournon.

—

1845.

BIBLIOTHÈQUE ROYALE

[illegible]

[illegible]

[illegible]

[illegible]

[illegible]

[illegible]

[illegible]

[illegible]

[illegible]

[illegible]

[illegible]

TABLE DES MATIÈRES.

PREMIÈRE PARTIE.

Description du Matériel.

CHAPITRE Ier.

CHAPITRE II.

BOUCHES A FEU. (*Tableau n° 1 à la fin de cette notice.*)

Système de pointage.

CHAPITRE III.

AFFUTS, AVANT-TRAINS ET VOITURES.

AFFUTS.

DEUXIÈME PARTIE.

Organisation du matériel.

—

CHAPITRE Ier.

COMPOSITION DES BATTERIES.

COMPOSITION DES PARCS.

CHAPITRE II.

CHAPITRE III.

CHAPITRE IV.

CHAPITRE V.

CHAPITRE VI.

TROISIÈME PARTIE.

Instruction pratique et tactique.

—

CHAPITRE PREMIER.

ÉCOLES ET ÉTABLISSEMENTS D'ARTILLERIE.

FIN DE LA TABLE.

ÉTAT ACTUEL

DE

L'ARTILLERIE DE CAMPAGNE FRANÇAISE.

AVANT-PROPOS DE L'AUTEUR.

La Gazette de la littérature militaire de Berlin contient, dans son numéro premier, de l'année 1836, un article où elle critique la première livraison de cet ouvrage, et par lequel elle fixe notre attention sur la division défectueuse des matières. Nous nous empressons de profiter de ses conseils et de donner à notre troisième livraison une division plus appropriée à l'importance de cet ouvrage.

Dans les deux premières livraisons, la troisième partie traite, sous le titre de *Personnel*, des matières qui appartiennent plutôt à l'organisation. Telles sont la force et la composition du corps de l'artillerie, le recrutement, l'avancement des officiers et des grades inférieurs, tandis que l'instruction théorique et l'exercice tactique doivent former deux subdivisions d'un seul et même titre. Nous avons donc supprimé entièrement dans cette livraison la troisième partie des deux premières livraisons, et nous en avons compris une portion dans la seconde partie sous le titre d'*Organisation*, tandis que le reste a trouvé sa place dans une troisième partie, qui porte le titre *Instruction du personnel et Exercices tactiques*. Au lieu de la division en paragraphes, nous avons adopté celle en chapitres, subdivisés eux-mêmes en paragraphes et en numéros.

Espérant avoir donné par cette nouvelle division une meilleure forme à notre ouvrage, nous remercions la critique de nous avoir procuré l'occasion d'opérer cette amélioration, et la prions de nous signaler dorénavant tous les défauts qu'elle pourra y trouver ; nous nous empresserons de les rectifier.

Nous croyons aussi devoir dire un mot des fautes d'impression qui existent dans les deux premières livraisons et qui ont échappé à notre attention. Toutes les personnes qui ont corrigé des épreuves d'ouvrages sortis de leur propre plume sauront sans doute combien il est difficile, pour ne pas dire impossible, de voir toutes les fautes faites dans la *copie* par celui qui l'a préparée sur le manuscrit de l'auteur. Ces fautes sont presque toujours inaperçues par ce dernier qui, connaissant, pour ainsi dire, son ouvrage par cœur, y croit lire les phrases telles qu'il les avait écrites ; cependant, à cause du grand nombre d'expressions techniques, il n'est guère possible de charger d'autres personnes de la correction. Il ne nous est donc resté d'autre ressource que de relever les fautes qui ont échappé à la lecture de chaque livraison, et de signaler les errata dans un supplément que nous donnerons dans la livraison suivante.

En lisant le supplément qui appartient à la première livraison, l'on verra qu'il ne contient pas seulement des corrections
de fautes typographiques, mais encore des rectifications de
chiffres dont l'inexactitude ne nous a été signalée que plus
tard.

Mayence, septembre 1838.

INTRODUCTION.

La France est le premier État de l'Europe qui ait eu un matériel d'artillerie systématiquement organisé, qui par l'établissement d'écoles ait affranchi l'artillerie des langes de la routine et l'ait érigée en science. Jusqu'au milieu du dernier siècle, l'artillerie française était la meilleure de toutes.

Nous serions entraîné trop loin, et hors des limites auxquelles nous restreint cet ouvrage, si nous voulions passer en revue les différentes organisations du matériel de l'artillerie française. Cependant pour mettre à même de juger convenablement tout ce qui a été fait en France dans les derniers temps relativement à l'artillerie, il est nécessaire de donner un court aperçu du système Gribeauval, comme du premier système d'artillerie qui mérite ce nom et duquel sont sortis presque tous les autres.

Gribeauval sépara l'artillerie de siége de l'artillerie de campagne ; il allégea le poids des bouches à feu de position, et diminua la longueur et les dimensions des affûts. Par ses soins l'artillerie de campagne reçut les calibres suivants : les canons de 12, de 8 et de 4 de dix-huit calibres de longueur, proportionnés pour tirer à la charge du tiers du poids du boulet, reçurent 150 livres de matière par livre de ce poids ; et les obusiers de 6° de trois calibres de longueur. Le vent des

projectiles fut réduit à 1,1 et demi et 2 lignes de Paris =
0,086″, 0,129″ et 0,172″.

Il fixa la portée des boulets et des obusiers ainsi que leurs
charges, introduisit l'attelage à timon, remplaça les voitures
à munitions par des caissons à quatre roues, approvisionna
de munitions les avant-trains d'affûts de campagne ; il fit
adopter enfin la vis de pointage et la hausse fixée aux canons.

Le personnel de l'artillerie se composait alors de 1,042 officiers et de 7,416 hommes.

Nous passerons sous silence les différentes formations, appropriées aux besoins de l'époque, qui ont eu lieu sous la
république et sous l'empire dans le personnel de l'artillerie ;
mais nous dirons ici quelques mots sur le matériel tel qu'il
existait au commencement de l'année 1813.

Sept bouches à feu. Système Gribeauval : canons de 12, de
8, de 4 ; obusiers de 6 pouces.

Système de l'an XI : canons de 6, obusiers de 24 et obusier de 6 pouces à grande portée.

Sept affûts différents pour les sept calibres que nous venons
d'indiquer. Les pièces de 12 et de 8 avaient un encastrement de
route particulier ; la pièce de 12 avait de plus, entre les deux loge-
ments, un boulon à tête ronde. Les affûts des canons de 6 et des
obusiers de 24 ne différaient entre eux que par leurs dimensions.

Deux avant-trains d'affûts, dont l'un n'était destiné qu'au
canon de 4 livres.

Deux coffrets d'affût. Le même pour tous les affûts Gribeauval. Le coffret destiné au canon de 6 ne différait de celui de
l'obusier de 24 que par les dimensions.

La prolonge de 44 pieds de long et du poids de 18 livres,
avec deux anneaux à 11 pieds d'intervalle.

Les armements étaient les mêmes que ceux du système actuel, à cette différence près, que les canons de 12, de 8 et de 6, et les obusiers étaient armés de 4 leviers, tandis que les pièces de 4 ne l'étaient que de 3.

Les voitures étaient composées ainsi qu'il suit :

Un charriot à munitions. Avant-train à petite sellette et grande sassoire.

Un caisson à munitions. Le même pour tous les calibres, ne différant que par les divisions intérieures. Avant-train avec une sellette sur l'essieu et une petite sassoire.

Un caisson de parc. Avant-train, le même que celui du charriot à munitions.

Une forge de campagne à quatre roues ; avant-train, le même que celui du charriot à munitions.

Essieux en fer : le n° 1 pour le canon de 12, le n° 2 pour ceux de 8 et de 6, pour l'obusier lourd de 6 pouces et pour l'obusier de 24 ; le n° 3 pour le canon de 4 et pour toutes les voitures.

Un essieu en bois pour les obusiers de 6 pouces de Gribeauval.

Roues de derrière : le n° 1 pour le canon de 12, hauteur 4 pieds 6 pouces ; le n° 2 pour les canons de 8 et de 6, l'obusier lourd de 6 pouces et l'obusier de 24 ; le n° 3 pour le canon de 4, hauteur 4 pieds 2 pouces ; le n° 4 pour l'obusier de 6 pouces de Gribeauval ; le n° 5 pour toutes les voitures, hauteur 4 pieds 10 pouces.

Roues d'avant-train : le n° 1 pour le canon de 4, hauteur 3 pieds 2 pouces ; le n° 2 pour tous les autres avant-trains, hauteur 3 pieds 6 pouces.

Le chargement des caissons des différents calibres se composait ainsi qu'il suit :

CAISSONS A MUNITIONS.   NOMBRE DES PROJECTILES.

Pour le canon de 12,   64 cartouch. à boulet, 8 cartouch. à balles.
»   8, 86   »   10   »
»   6, 126   »   14   »
»   4, 150   »   18   »
Pour l'obusier de 24,   72 cartouches à obus, 3   »
— de 6 pouces, 55   »   3   »
Pour l'infanterie. . . . . 20,000 cartouches.

    Dans le coffret d'avant-train :

Pour le canon de 12,   6 cartouch. à boulet, 2 cartouch. à balles.
»   8,   9   »   4   »
»   6,   6   »   4   »
»   4, 12   »   4   »
Pour l'obusier de 24 et celui de 6 pouces, 4 cartouches à obus.

Pour l'approvisionnement complet 3 caissons étaient attachés aux canons de 12, 2 caissons aux pièces de 8 , 3 à chaque obusier ; une aux canons de 6 et de 4. Toutes ces voitures
étaient attelées de 4 chevaux.

Les bases d'après lesquelles se faisait à cette époque l'armement de l'artillerie française diffèrent peu de celles que le ministre de la guerre avait établies en 1822 et dont nous parlerons plus loin. D'après celles-là on comptait :

1° 2 bouches à feu pour 1,000 hommes :

2/3 canon. . . . . . {1/6 canon de 12,
                     {5/6 canon de 6 ou de 8,

1/3 obusier. . . . . {1/6 obusier de 6 pouces,
                     {5/6 — de 24 livres ;

    2° Un affût avec avant-train pour chaque bouche à feu, pour
rechange 1/4 pour canons, 1/3 pour obusiers ;

3° Un double approvisionnement par bouche à feu, 200 coups avec la batterie, et

200 coups pour les bat- (1/2 au parc de réserve,
teries de corps d'armée. . (1/2 au parc général,

Pour toutes les autres batteries au parc général ;

4° Pour l'infanterie 100 cartouches par homme :

    40 dans la giberne (le cavalier 10),

    50 dans les caissons qui suivent l'armée,

    10 — idem. — mais empaquetées dans des barils ;

5° Nombre des batteries à 8 ou 6 bouches à feu :

Batteries d'avant-garde 1 pour un corps d'armée,

Batteries à pied. . . . . 2 pour une division d'infanterie,

Batteries à cheval. . . . { 1 pour une division de cavalerie de ligne,
    1 en réserve (près de chaque corps d'armée,
    1 à la réserve centrale,

Batteries de canons de (1 en réserve près de chaque corps,
réserve. . . . . (2 à la réserve centrale,

Batterie d'obusier de
réserve. . . . . 1 à la réserve centrale,

6° Parcs :

Parc de réserve. . . . . 1 par corps d'armée,

Parc général. . . . . . { partie mobile,
    partie non mobile ;

7° Equipage de ponts : 1 grand équipage au parc général et une portion d'équipage au parc de chaque corps d'armée.

Observation. Le nombre de voitures était environ huit fois le nombre des bouches à feu, et pour 10 voitures on comptait 51 chevaux pour l'attelage.

8° Composition du parc :

	PARC DE RÉSERVE.	PARC GÉNÉRAL, Partie mobile.	partie non attelée.
Caissons à munitions pour l'artillerie.....	Pour un canon de 12, 1 1/2 par pièce du corps d'armée. — Pour canons de 8 et de 6, 1 par pièce du corps d'armée. — Pour obusiers de 6 pouces et de 24 livres, 1 1/2 par obusier du corps d'armée........	1 1/2 par bouche à feu de chaque corps d'armée, 3 par bouche à feu de la réserve centrale.... — 1 par pièce de chaque corps d'armée; 2 par pièce dans l'artillerie à cheval, dans les divisions isolées ou de réserve............. — 1/2 pour obusier de chaque corps d'armée; 3 par obusier dans l'artillerie à cheval, dans les divisions isolées ou de réserve......	Se réglait d'après les ressources du pays, et d'après les distances des dépôts de l'armée.
Caissons à munitions pour l'infanterie......	Ce qu'il faut pour compléter les 3/4 de l'approvisionnement en caissons pour les corps d'armée...........	Le complément de l'approvisionnement de l'armée à 50 cartouches par homme........	
Charriots de parc,	1	2	
— d'outils,	1	3	
— d'artifices,	1	3	
Affûts de rechange avec l'avant-train, coffre chargé et armements........	Canons de 12, de 6 et de 8, obusiers de 6 pouces et de 24, 1 pour 4 pièces du corps d'armée....	....	Ce qu'il faut pour en avoir 1/4 en sus pour canons et 1/3 pour obusiers de toute l'armée.
Charriots à munitions........	8, dont 3 pour le train..........	....	24, dont 10 pour le train.
Forges outillées.	3, dont un pour le train..........	....	8, dont 2 pour le train.

La France avait perdu dans les campagnes de 1813 à 1815 presque les deux tiers de tout son matériel d'artillerie, qui consistait alors en 27,976 bouches à feu ; l'artillerie de campagne surtout était presque sans pièces. Il fallut donc renouveler entièrement le matériel de campagne, et on profita de cette occasion pour créer un nouveau système qui répondît mieux que l'ancien aux exigences de la science militaire de cette époque. Ce système devait être établi de manière à utiliser le vieux matériel qui restait à la France, celui qu'elle avait pris sur les autres puissances de l'Europe et les expériences si riches faites dans les guerres précédentes. Une guerre de plume très-vive ne tarda pas à éclater entre les membres de la commission chargée d'étudier le nouveau système et les officiers supérieurs d'artillerie en général : d'un côté se trouvaient les partisans du système Gribeauval ; le parti opposé était représenté par le général Alix, qui, le premier, avait donné naissance au système de l'an XI. Tous étaient d'accord sur la nécessité de diminuer le nombre des calibres de campagne, de simplifier la construction des affûts et de mettre plus d'unité dans les autres voitures de l'artillerie de campagne ; les opinions ne différaient donc que sur le choix des calibres, et il ne s'agissait plus que de savoir quel système obtiendrait la préférence sur l'autre.

Le général Alix défendit vivement le canon de 6, introduit dans l'artillerie française, par un heureux hasard (1), invo-

---

(1) L'armée d'Italie ne possédait en 1800, après la bataille de Marengo, qu'un matériel d'artillerie de 60 bouches à feu. L'inspecteur de cette arme, le général Aboville, chargea le général

quant contre ses adversaires, les partisans du canon de 8, les glorieux résultats obtenus par le secours du calibre de six dans la campagne de 1801 : mais ce fut en vain. Par ordonnance du 30 janvier 1815 le canon de 6 fut aboli et remplacé par les calibres du système Gribeauval.

Le peu d'effet du canon de 4 comparé à celui du canon de 6, adopté par toutes les autres puissances, le fit abandonner bientôt après ; on ne tarda pas à introduire le canon de 12 de l'ancien système ainsi que des obusiers d'une construction entièrement modifiée.

Quant à la construction des affûts et des caissons à munitions le système anglais obtint la préférence de la commission ; on en adopta l'idée fondamentale avec des modifications dont la publication était impatiemment attendue.

Nous donnerons dans le cours de cette livraison la construction du nouveau matériel et la formation du personnel.

Alix de former à Turin, dans le délai de trois mois, un nouveau train d'artillerie de 250 bouches à feu. Celui-ci ayant trouvé un nombre d'obusiers de 24 et de canons de 6 suffisant au-delà des besoins du moment, et la brièveté du temps qui lui avait été donné ne lui permettant pas de faire fondre et forer 250 bouches à feu, et de construire à neuf 250 affûts, et au moins la moitié des caissons à munitions dont on avait besoin, il se détermina à choisir, et à faire servir à son but le canon de 6 et l'obusier de 24. Les résultats obtenus avec les deux nouveaux calibres dans la campagne de 1801 déterminèrent, sous la date du 2 mars 1803, leur adoption dans l'artillerie de campagne à l'exclusion de tous les autres. Plus tard on leur adjoignit le canon de 12.

SOURCES.

Les documents qui ont servi dans le travail du matériel de l'artillerie de campagne française ont été puisés dans les ouvrages suivants :

1. *Dictionnaire d'artillerie*, par Cotty.

2. *Aide-Mémoire portatif à l'usage des officiers d'artillerie*, Strasbourg, 1831.

3. *Nouveau Manuel de l'artilleur*, par un officier supérieur, Metz, 1830.

4. *Instruction provisoire sur le service des bouches à feu de bataille*, Paris 1833.

5. *Projet de règlement sur l'instruction à pied et à cheval, dans les régiments d'artillerie.* 2 vol., Paris, 1832.

6. *Projet d'instruction sur l'exercice et les manœuvres des canonniers conducteurs.* Paris, 1832.

7. *Règlement sur les manœuvres et les évolutions des batteries attelées*, approuvé par le roi le 12 mars 1836, Paris et Strasbourg, 1836.

8. *Extrait du règlement provisoire sur l'instruction à pied et à cheval dans les régiments d'artillerie*, approuvé le 15 juillet 1835, par M. le ministre secrétaire d'Etat de la guerre, Paris, 1836.

9. *Aide-Mémoire à l'usage des officiers d'artillerie*, Paris, 1836.

10. *Expédition des Anglais et des Français contre la citadelle d'Anvers et les bouches de l'Escaut*, par M. le baron de Reit-

zenstein II, major au corps royal d'état-major général de Prusse, Berlin, 1834.

11. Plusieurs mémoires manuscrits et dessins.

POIDS ET MESURES.

L'unité de mesure en France est le mètre, égal à la dix millionième partie du quart du méridien terrestre.

$$10 \text{ mètres} = 1 \text{ décamètre.}$$
$$100 \text{ mètres} = 1 \text{ hectomètre.}$$
$$1,000 \text{ mètres} = 1 \text{ kilomètre.}$$
$$10,000 \text{ mètres} = 1 \text{ myriamètre.}$$
$$1 \text{ décimètre} = 0,1 \text{ mètre.}$$
$$1 \text{ centimètre} = 0,01 \text{ mètre.}$$
$$1 \text{ millimètre} = 0,001 \text{ mètre.}$$

L'unité de poids est le kilogramme égal au poids d'un décimètre cube d'eau distillée à la température de 4° centigrades au-dessus de la glace fondante.

Ces mesures correspondent en tout point, quant à leur valeur, avec celles introduites en Hollande, et pour la réduction des poids et mesures on a employé les mêmes logarithmes que ceux de l'artillerie hollandaise. Cependant comme les dimensions des canons ne sont pas indiquées en mesures métriques, mais bien en pieds, pouces, etc., de Paris, il y a lieu de faire connaître encore ici les rapports de la mesure de longueur de Paris à celle de Prusse.

Le pied de Paris, pied de roi, se divise en 12 pouces, 144 lignes et, dans ses comparaisons avec les mesures étrangères, en 1440 points ; les rapports du pied de Prusse calculé à 139,13 lignes de Paris sont au pied de roi comme 1 est à 1,0350, et *vice versâ* le pied de roi est à celui de Prusse comme 1 est à 0,9661.

Dans les tableaux de tir la distance est toujours donnée en mètres, qui sont au pas de Prusse de 2,4' comme 1,328 est à 1.

PREMIÈRE PARTIE.

DESCRIPTION DU MATÉRIEL.

CHAPITRE PREMIER.

SYSTÈME DU MATÉRIEL DE CAMPAGNE.

Avant de nous occuper de la description du matériel nous croyons devoir donner dans ce chapitre un aperçu général du nouveau système.

L'artillerie de campagne française possède quatre calibres de bouches à feu ; savoir : les canons de 12 et de 8, les obusiers de 24 livres et de 6 pouces. Les obusiers sont longs. Deux espèces d'affûts sont affectés à ces quatre calibres, l'un pour le canon de 12 et de l'obusier de 6 pouces, l'autre pour le canon de 8 et l'obusier de 24 ; ils ne diffèrent entre eux que par les dimensions. Tous les calibres ont le même avant-train, qui sert en même temps au caisson à munitions et aux autres voitures des batteries de campagne.

L'approvisionnement en train d'équipage est fort simple.

Le caisson à munitions est le même pour tous les calibres; le train de derrière porte deux coffrets à munitions en tout point semblables à celui d'avant-train, et qui ne diffèrent entre eux que par la distribution intérieure suivant la force des calibres. Le train de derrière des caissons de parc et des forges de campagne, à l'exception de quelques légères modifications commandées par la destination spéciale de ces voitures, ressemble parfaitement à celui du caisson à munitions.

L'artillerie de campagne a deux essieux, l'un pour les bouches à feu, l'autre pour les avant-trains et les voitures; les fusées d'essieu pour l'un et pour l'autre sont parfaitement identiques.

Un seul modèle de roue sert pour toutes les bouches à feu et voitures.

L'avant-train d'affût

du canon de. . . 12	contient 21 cart. à boulet	et	2	cart. à balles.
— — 8	— 28	—	4	—
— de l'obusier de. . 6°	— 12	—	2	—
— de l'obusier de. .24	— 20	—	2	—
Le caisson du can. de 12	— 63	—	6	—
— — 8	— 84	—	12	—
— de l'obusier de 6°	— 36	—	6	—
— de l'obusier de 24	— 60	—	6	—

Approvisionnement en munitions.

Les caissons de la première ligne suivant partout les bouches à feu, il en résulte que la quantité de munitions qui se trouvent continuellement et immédiatement à la portée de ces dernières, est de :

84 cartouch. à boulet et 8 cartouch. à balles pour le canon de 12,
112   —   16   —   —   8,
52   —   6   —   pour l'obusier de 6″
80   —   8   —   —   24.

CHAPITRE II.

BOUCHES A FEU (Tableau n° 1 à la fin de cette notice).

CANONS (*Pl.* 1, *fig.* 1). (1)

Ainsi qu'on l'a déjà dit dans l'introduction, l'artillerie française a conservé les canons du système Gribauval avec leur construction primitive ; le canon de 4 seul n'a pas été admis. Les canons que l'on emploie sont les suivants :

	LONGUEUR DE L'AME en CALIBRE.	POIDS DU CANON en KILOGR.	MATIÈRE par livre de poids DU PROJECTILE.
Le 12	16,82	885	150,76
Le 8	16,82	581	148,2

La longueur de l'âme étant de 16 4|5 de diamètre du boulet, les canons sont construits pour une charge du 1/3 du poids du boulet.

---

(1) Cette figure représente un canon de 12.

Le fond de l'âme est terminé par un plan, raccordé avec les parois latérales de l'âme par un rayon égal au 1/8 du calibre. Le diamètre du vent est presque de 0,09″ prussiens, =   millim.

La lumière est inclinée vers l'axe de l'âme sous un angle de 15°. Elle débouche dans la partie supérieure de l'âme, savoir, pour les canons de 12, à 3‴ 6⁗ de Paris, du fond, et à 3‴ 3⁗ de Paris pour les canons de 8. Elle est forée dans un grain de lumière, en cuivre rouge, forgé, de 2 1/2 lignes de Paris : son diamètre est vissé dans la pièce.

L'axe des tourillons est à 1/12 de calibre au-dessous de l'axe du canon. Le point, milieu de l'axe des tourillons, est aux 7/18 de la longueur totale, prise du bord inférieur de la plate-bande de culasse. La prépondérance de la culasse sur la volée est, dans cette construction, naturellement très peu considérable , et l'inclinaison fort grande. Les canons ont une hausse, une flèche fixes, et un angle de mire d'environ 1° (1). La flèche n'est pas située, comme dans les bouches à feu des autres puissances , sur le point culminant du renflement du bourrelet, mais plus en arrière sur la gorge de ce dernier ; elle est si haute que son point culminant touche la ligne de mire.

Les canons, quant à leur forme extérieure, sont en tout semblables à ceux des Anglais et des Hollandais. Ils ont les mêmes degrés de renfort, de second renfort et de volée, indiqués par des moulures ; leur longueur respective est d'environ six, trois et neuf calibres du boulet.

----

(1) Voyez le tableau n° 4.

Le cul-de-lampe, le bouton de culasse, le collet de bouton de culasse (1) et le renflement du bourrelet, ressemblent en tout point à ceux des canons anglais et hollandais.

La plus grande épaisseur à la culasse ou fond est de 0,9 du diamètre du boulet. La moindre épaisseur à l'extrémité de la volée est égale aux 9/23 de la plus grande.

Les canons de l'un et de l'autre calibre sont pourvus d'anses.

OBUSIERS.

OBUSIERS DE CAMPAGNE (*Pl.* 1, *fig.* 2). (2)

Dans le nouveau système on a conservé les deux calibres d'obusiers du système Gribeauval. On s'est borné à donner à ces pièces une autre construction, afin d'égaliser, autant que possible, l'effet de ces obusiers de campagne avec celui des canons avec lesquels ils sont mis en batterie. On croit y avoir réussi en prolongeant considérablement la volée et avoir remédié, par cette modification, à l'incertitude du tir de l'ancien obusier et à l'inefficacité des coups de mitraille.

---

(1) Ces trois parties prises ensemble sont aussi appelées *eul-de-lampe* dans une acception plus étendue.

(2) Cette figure représente un obusier de 6*.

Les deux anciens obusiers étaient construits de la manière suivante :

CALIBRE.	LONGUEUR EN CALIBRES		POIDS de L'OBUSIER.	MATIÈRE par livre DE L'OBUS.	CHARGE.
	de l'obusier, bouton de culasse non compris.	de la volée raccordement compris.			
Celui de 6°	4 3/4	3	liv. de Paris. 560	28,26	1/13
Celui de 24	6	5	600	44,4	1/8

Ces deux calibres ont subi, par le nouveau système, les changements suivants :

CALIBRE.	LONGUEUR EN CALIBRES		POIDS de L'OBUSIER	MATIÈRE par livre DE L'OBUS.	CHARGE.
	de l'obusier, bouton de culasse non compris.	de la volée raccordement compris.			
Celui de 6''	11 1/2	10,018	kil. 885	82	1/7
Celui de 24	11 1/2	9,9	581	86	1/7

La construction est par conséquent la même pour les deux nouveaux obusiers. Un raccordement conique unit l'âme avec une chambre cylindrique. Celle-ci est de l'âme d'environ un calibre ou de 37/41 pour l'obusier de 6'', et de 13/15 pour celui de 24 ; sa longueur est à son diamètre, savoir : pour le premier, comme 3 est à 5, et pour le second, comme 11 est à 13. Les angles formés par l'intersection de la chambre avec la partie tronc conique qui la raccorde avec l'âme, sont arrondis par un arc de cercle. Le plan du fond de la chambre est aussi raccordé avec les parois par un rayon de 1/8 de son diamètre. La lumière débouche à l'extrémité de ce dernier arrondissement ; elle est inclinée de 10° sur l'axe de l'âme ; son diamètre est le même que celui de la lumière des canons.

L'axe des tourillons est porté en arrière d'environ 1/36 de la longueur totale du calibre dans l'obusier de 6°, et d'environ 1/18 du calibre dans l'obusier de 24. Cet axe est au-dessous de celui de l'obusier, à 0,016 millim. pour le premier, et à 0,015 millim. pour le second.

Lors de la première introduction de ces obusiers longs, les plans qui terminent les embases étaient tangents à la surface extérieure conique, mais plus tard ces plans furent dirigés perpendiculairement sur l'axe des tourillons. L'épaisseur de la culasse, cul-de-lampe compris, est d'environ 3/4 de diamètre ; celle de la chambre d'environ 1/2 ; la moindre épaisseur en arrière de la plate-bande du collet est d'un peu plus de la moitié de la dernière.

L'extérieur des obusiers se compose du pourtour de la chambre, du renfort et de la volée avec bourrelet. Des gorges en moulures raccordent les différents diamètres de ces parties. Une plate-bande sépare la volée du bourrelet. La longueur respective des trois parties ci-dessus est comme 1 1/4 : 4 5/8 : 5 1/8. La partie correspondante à la chambre est cylindrique, le renfort et la volée sont coniques. Le renfort du bourrelet ne commence pas comme dans les canons à l'astragale du collet, il est formé par le listel de la bouche de 1/4 de largeur du calibre, et uni par une gorge avec le bourrelet qui vient s'y perdre en forme de cône. Les plates-bandes de la culasse et du bourrelet servant au pointage, ne sont pas des cylindres mais bien des parties d'un même cône dont les génératrices servent de ligne de mire.

Les obusiers n'ont ni visière, ni bouton de mire, ni hausse de pointage fixée à la pièce. Leur angle de mire naturel est d'un 1°.

L'un et l'autre obusier sont pourvus d'anses.

OBUSIER DE MONTAGNE (*Fig.* 3).

C'est un obusier léger du même calibre que le canon de 12, et par cette raison même il a pris son nom du poids du boulet plein de ce calibre.

Cette bouche à feu est en tout point semblable aux autres obusiers de campagne tant pour l'âme que pour la division extérieure ; seulement sa construction est plus légère et répond au but dans lequel il est employé.

Sa longueur, bouton de culasse non compris, est de 7 1/5 de calibre, son âme avec le raccordement a une longueur de 6 1/5 de calibre. Il est construit pour tirer à la charge de 3/28 du poids de l'obus, qui pèse 3,9 kilo.; l'obusier pèse 100 kilo., c'est-à-dire, environ 25 fois le poids du projectile.

La chambre cylindre a de longueur les 7/12 du diamètre de l'obus. Son diamètre est à sa longueur comme 8 est à 7. Un raccordement tronc conique l'unit avec l'âme. De même que dans les obusiers de campagne les angles formés par la jonction du raccordement avec la chambre sont arrondis. Le plan du fond de la chambre est raccordé avec la partie cylindrique par une portion de sphère d'un rayon égal au 1/12 du diamètre de la chambre.

La lumière est inclinée sur l'axe de l'âme sous un angle de 15°. L'axe des tourillons correspond au milieu de l'obusier, et est abaissé au-dessous de l'axe de 5/24 du diamètre de l'obus. Les embases sont terminées par des plans perpendiculaires à l'axe des tourillons.

La plus grande épaisseur en arrière du fond de l'âme, le cul-de-lampe non compris, est de 5/12 du diamètre de l'obus; celle qui répond à la chambre est d'environ 1/3 du même diamètre; la moindre épaisseur en avant de la moulure du bourrelet est égale à la moitié de cette dernière.

La forme extérieure de cet obusier diffère de celle des obusiers de campagne en ce que toutes les parties sont cylindriques et que la volée se prolonge jusqu'à la moulure du bourrelet, sans interruption.

L'obusier n'a point de hausse de pointage fixée à la pièce, ni visière, ni bouton de mire. Il a un angle de mire naturel de 1 1/2°, et point d'anses.

SYSTÈME DE POINTAGE.

HAUSSE POUR LES CANONS (*Tabl.* 1, *fig.* 4).

Il a été question, au chapitre 2, de l'angle de mire. Tous les canons de campagne sont munis d'une hausse de pointage fixée à la pièce. Une plaque de cuivre, A B C D, est fixée; au moyen de vis, au cul-de-lampe, de manière à incliner un peu vers l'axe de la bouche à feu. Au milieu de la coulisse est emboîtée une tige en cuivre, dont la partie inférieure supporte une vis de pression avec un écrou à ailes. La partie supérieure se termine par un bourrelet un peu plus large, mais qui ne se prolonge pas en arrière. La visière est taillée dans ce bourrelet en forme de triangle prismatique ; elle est plus large et plus profonde en arrière qu'en avant.

La face de derrière de la hausse a 1′ 6″ de longueur, et est divisée en lignes de Paris.

Nous parlerons dans la quatrième partie de la hausse et de la manière de s'en servir. A B C et D, figure 4, représentent la face postérieure de cette hausse. Dans A, la hausse est tirée ; elle est abaissée dans B ; C est une coupe suivant A B ; D représente la partie supérieure de la hausse, et E la coupe suivant C D ; F montre la plaque dans sa partie supérieure sans hausse.

Pour les élévations auxquelles cette hausse ne suffit pas, on se sert d'une hausse en bois. Cette dernière consiste en une petite planche pyramidale montante, de la forme, à-peu-près, de la hausse anglaise, représentée figure 4 de la 1re livraison. Elle est divisée en millimètres du bas en haut, et percée de trous vis-à-vis de chaque angle d'élévation qu'elle fournit.

HAUSSE POUR LES OBUSIERS.

Les obusiers n'ont pas de hausse fixée à la pièce. On emploie à sa place la hausse en bois ci-dessus décrite pour prendre les angles d'élévation. On ne fait jamais usage du quart de cercle.

CHAPITRE III.

Affûts, Avant-trains et Voitures.

AFFUTS.

AFFUTS DE CAMPAGNE (*Pl.* 1, *fig.* 5, 6, A, B).

Si le système Gribeauval a été préféré pour les canons, il n'en a pas été de même des affûts. Les nombreuses incommodités des anciens affûts à flasques et de leurs avant-trains, ont paru motiver suffisamment leur condamnation et leur remplacement par les affûts à flèches.

La commission d'enquête avait à résoudre plusieurs problèmes importants : 1° La simplification du matériel de campagne; 2° une organisation mécanique plus conforme à son but, et par suite une plus grande facilité dans les manœuvres; 3° la possibilité de traîner immédiatement à la suite des bouches à feu une quantité plus considérable de munitions; 4° celle de transporter les canonniers sur les voitures, même à d'assez grandes distances, toutes les fois qu'il serait nécessaire d'employer une allure accélérée. La comparaison de l'ancien matériel avec celui du nouveau système, fera connaître jusqu'à quel point la solution a réussi.

Dans l'introduction nous avons indiqué le nombre des différents affûts de l'ancien système ; quant à leur construction, nous en parlerons seulement sous un point de vue général. Ses affûts étaient à flasques divergents, tenus séparés par trois entretoises. L'instrument de pointage consistait en une vis, se mouvant dans un écrou en cuivre, muni de deux tourillons, reposant sur deux crapaudines fixées contre les flasques ; une manivelle à quatre branches était fixée à la tête de la vis qui se terminait par un bouton sphérique. Ce bouton s'adaptait dans une cavité demi-sphérique au-dessous de la semelle d'affût. Celle-ci, par le mouvement de la vis, montait et descendait en tournant autour d'un bouton qui traversait les flasques derrière l'entretoise de volée.

Chaque affût portait un coffret à munitions, placé entre les flasques près des crosses. Ce coffret était enlevé pendant le feu à l'aide de barres de bois transversales, fixées contre les côtés, et il était porté alors sur l'avant-train entre la sassoire et le corps d'essieu.

Les affûts de 12 et de 8, indépendamment de l'encastrement de tir, avaient encore un peu plus en arrière un encastrement de route.

Aux sept affûts anciens on a substitué deux autres affûts dont la construction est en tout point la même, et qui ne diffèrent entre eux, d'un calibre à l'autre, que par les dimensions. L'un est employé au service du canon de 12 et de l'obusier de 6″, l'autre à celui du canon de 8 et de l'obusier de 24.

Les parties principales du nouvel affût sont : la flèche, les deux flasques courts, l'essieu en fer, les roues et la vis de pointage. La flèche et les flasques sont confectionnés en jeune chêne.

FLÈCHE (*Pl.* 1, *fig.*1).

La flèche diffère de celle de l'artillerie anglaise et néerlandaise en ce que la tête est arrondie en forme de demi-sphère, et qu'une de ses extrémités dépasse la partie antérieure de l'essieu. Sur la partie supérieure de cet arrondissement, il y a un débardement éliptique qui permet d'abaisser convenablement la bouche à feu. La flèche peut être construite en une ou deux pièces; dans ce dernier cas les deux parties sont liées entre elles par deux goujons et deux boulons. Le point où la flèche est la plus forte est celui qui répond à l'emplacement de la vis de pointage; là surface supérieure est parallèle à l'inférieure, mais à partir des deux extrémités de l'écrou de pointage l'épaisseur va en diminuant jusqu'à la tête et la crosse d'affût. Le milieu de l'encastrement de l'essieu est d'environ 0,390 millim. en arrière de la tête des flasques. Les angles de la flèche sont arrondis de 1/20 de son épaisseur.

FLASQUES (*Pl.* I, *fig.* 5).

L'angle inférieur des flasques n'est pas au niveau de la face inférieure de la flèche, il s'élève d'environ 1″ de Prusse en arrière à l'endroit où le prolongement de cette face rencontre la tête des flasques.

Le centre du logement des tourillons est d'environ 0,025

millim. au dessous du point le plus élevé des flasques, et repose dans le prolongement de la face supérieure de derrière de celle-ci. Il est de 0,285 millim. en arrière de la tête, de sorte que le milieu de l'encastrement d'essieu se trouve d'environ 0,016 millim. en arrière du milieu du logement des tourillons. La longueur des flasques est à celle de la flèche comme 1 : 2, et son épaisseur est de 3/4 du diamètre du boulet.

Les Français ont une manière toute particulière d'assembler les flasques avec la flèche. Trois rondelles d'assemblage, en fonte (*Flg.* 7), de 0,021 millim. d'épaisseur, séparent les faces intérieures des flasques des faces extérieures de la flèche; les deux rondelles du devant sont cylindriques, celle du derrière a, sur ses deux faces latérales, des tourillons cylindriques qu'on introduit dans le corps de la flèche et des flasques pour empêcher le déplacement de ces parties. Les encastrements de ces tourillons ont plus de profondeur que de hauteur, de manière qu'entre le bois et le fer il existe encore un vide de 0,003 millim.

VIS DE POINTAGE.

Elle est la même que celle existant actuellement dans l'artillerie anglaise et néerlandaise.

FERRURE *(Pl.* II, *fig.* 6. A et B).

Pour la durée des affûts :

Les sous-bandes avec leurs prolongements couvrent le dessus

des flasques et leur tête; le bout de crosse-lunette entoure le
dessous de la crosse d'affût, et fait corps avec l'anneau lunette;
enfin les plaques d'appui de roue.

*Pour l'assemblage de la flèche avec les flasques, et de la bou-
che à feu et de l'essieu avec l'affût :*

L'assemblage des flasques avec la flèche a lieu par le moyen
de trois boulons. Les sous-bandes sont assujetties sur chaque
flasque par une cheville à tête plate et par une cheville à mentonnet; trois chevilles à tête ronde traversent chaque flasque
et fixent les sous-bandes.

L'assemblage de l'essieu avec l'affût se fait par le moyen
de trois bandes d'essieu, dont deux dessous les flasques (*pl. 1,
fig.* 8) et la troisième dessous la flèche (*pl.* I, *fig.* 9). La cheville à tête ronde d'avant, de même que les chevilles à mentonnet et à tête plate de chaque flasque, assujettissent les
bandes d'essieu sous les flasques; les extrémités du devant de
ces bandes d'essieu sont recourbées en forme d'anneau pour
recevoir un crochet porte-écouvillon.

L'assemblage de l'étrier d'essieu du milieu avec la flèche a
lieu par trois boulons. Son extrémité du devant dépasse la
tête de la flèche et est percée d'un trou destiné à recevoir le
sceau d'affût.

*Pour le mouvement, la locomotion et le pointage de la bouche
à feu :*

A la demi-circonférence du devant de la lunette bout de
crosse est soudée une mise d'acier trempé; cette mise d'acier
a 0,018 millim. d'épaisseur; le bout de crosse-lunette en

assujetti par les quatre boulons qui fixent en même temps le grand et le petit anneau de pointage sur la plaque de recouvrement de crosse; les deux poignées de crosse servant à mettre et à ôter l'avant-train, elles sont fixées par deux boulons. Il y a aussi deux boulons servant à fixer l'écrou en bronze de la lavis de pointage, et enfin la chaîne d'enrayage, dont la figure 6 de la planche II indique suffisamment la construction et le mode d'attache.

Pour l'assujétissement des armements :

La prolonge est placée à l'avant-train au moyen de crochets fixés, au corps d'essieu en bois, par des boulons. Pour recevoir l'écouvillon, l'arrêtoir d'écouvillon B, les deux chaînes C C (1), les crochets D, déjà nommés à l'extrémité des bandes d'essieu. Pour adapter le lévier de pointage, les anneaux, porte-léviers E E et les chaînettes et crochets F F; G est une petite plaque en fer munie de deux pattes recourbées, en forme d'angles, et assujettie sous le côté gauche de la flèche; H est la plaque à oreille porte tire bourre; I est la douille porte-boute-feu.

La figure 10 de la planche II, représente un affût complé-

---

(1) Ces deux chaînettes ont été remplacées récemment par deux ferrures attachées sous la flèche par une charnière qui sont brisées vers leur milieu par une autre charnière au moyen de laquelle elles s'appliquent contre la partie extérieure de la flèche. L'extrémité extérieure de cette ferrure est percée d'un trou qui s'adapte à un tourillon cylindrique sur lequel elle est assujettie au moyen d'une cheville.

tement armé pour un canon de 12 et un obusier de 6°. La figure 11 représente un autre affût pour un canon de 8 et un obusier de 24.

Les affûts de 12 et d'obusier de 6″, de 8 et d'obusier de 24, donnent les degrés suivants :

	Canon de 12 et l'obus de 6°.		Canon de 8 et obus de 24.	
La bouche à feu peut prendre une élévation de.	13°	=	12°	=
Un abaissement de.	3°	=	6°	=
L'angle des affûts est de.	21°	=	20°	=
L'angle du tournant est de.	45° 30′	=	46°	=
Le point du milieu de l'axe des tourillons est au-dessus de l'horizon.	43° 34	=	42° 34	=

(*Mesure de Prusse.*)

AFFUTS DE MONTAGNE (*Pl.* II, *fig.* 12, A, B, C).

L'affût de montagne est également à flèche. Il est composé d'une flèche, de l'essieu en bois, de la vis de pointage, des roues et de la ferrure.

FLÈCHE (*Pl.* II, *fig.* 12, A).

Elle est composée d'une ou de deux pièces ; dans ce dernier cas, les deux pièces sont assemblées par deux goujons en fer et par trois boulons. A l'extrémité du devant, au quart de sa longueur totale, elle est assez large et assez haute pour qu'on puisse pratiquer sur sa face supérieure, en avant et en arrière,

des tourillons, deux évidements demi-cylindriques, destinés
à recevoir la bouche à feu ; un encastrement transversal reçoit
les tourillons avec leurs embases ; enfin sur la face supérieure
de la flèche, à l'extrémité de la crosse, est un autre encastrement pour le lévier de pointage. Le milieu du logement des
tourillons, dont le centre est au dessus de la face supérieure
de la flèche, est situé à 0,027 millim. en avant du milieu de
l'encastrement de l'essieu.

VIS DE POINTAGE.

Sa forme est la même que celle de la batterie de campagne ;
seulement son écrou en métal, au lieu d'être assujetti sur la
flèche par des boulons, l'est au moyen de forts clous.

FERRURE.

Elle est beaucoup plus légère et plus simple que celle des
affûts de campagne.

Pour la durée des affûts :

Les sous-bandes, dont les prolongements couvrent la tête
de la flèche ; le bout de crosse et trois boulons d'assemblage.

*Pour l'assemblage de la bouche à feu et de l'essieu avec les
affûts :*

Les sus-bandes qui sont fixées sur les sous-bandes au moyen
d'une cheville à mentonnet et d'une cheville à tête platte ; les
deux étriers d'essieu, qui sont serrés par les deux chevilles
que nous venons de nommer, dont la première traverse l'essieu
et par une cheville à tête ronde.

ART. DE CAMP. FRANÇAISE. (1re LIVR.)   3

Pour le mouvement et le pointage de la bouche à feu :

Aux rondelles de support du boulon d'assemblage du devant sont soudées deux crochets, servant à accrocher les bricoles de manœuvre dans le cas où la locomotion de la bouche à feu s'opère par les servants.

Le bout de crosse est recourbé à son extrémité de derrière et y forme un anneau de pointage. Au-dessus de l'évidement, qui se trouve sur la face de dessus de la crosse et dont on a parlé à l'article *Flèche,* est fiché un crampon qui forme le second anneau de pointage. La figure 13 de la planche II représente un obusier de 12 sur son affût.

Cet affût donne une élévation de 12° et un abaissement de 6° ; l'angle des affûts est de 26° 30'.

AVANT-TRAIN DE CAMPAGNE (*Pl.* III, *fig.* 14).

L'avant-train est emprunté, de même que l'affût, au système anglais ; il est employé pour toutes les voitures de l'artillerie de campagne.

Ses parties principales, sont : les roues, l'essieu, le corps d'essieu en bois, les deux armons, la fourchette, les deux planches marche-pieds, la volée, le timon, la servante et quatre tasseaux de planches marche-pieds.

L'essieu en fer est maintenu dans le corps d'essieu en bois au moyen de deux étriers d'essieu, situés sous les deux armons, et par quatre boulons d'essieu. L'essieu est encastré à 0^m010 en avant du milieu du corps d'essieu en bois.

Les deux armons s'embrèvent rectangulairement dans le corps d'essieu en bois, ils y sont fixés au moyen de deux

pattes à tiges taraudées et encastrées dans le milieu de la largeur des bouts du corps d'essieu, ainsi que par les deux étriers
et leurs boulons; la volée est fixée sous les armons des boulons d'assemblage. La fourchette est assemblée à tenons dans
le corps d'essieu en bois et liée à la volée par des boulons.
Les planches marche-pieds sont clouées sur les armons et la
fourchette ; sous celle du devant sont placés quatre tasseaux
en bois, cloués sur les armons et la fourchette.

Le crochet cheville ouvrière est assujetti au corps d'essieu
en bois par trois boulons, dont deux traversent l'essieu en
fer, le troisième sert à assembler la fourchette au corps d'essieu
en bois, en même temps qu'à maintenir ce crochet; la face
intérieure de l'arrondissement du crochet est situé à 0,005
millim. au-dessous de la partie inférieure du corps d'essieu
en bois. Dans la partie antérieure de ce dernier et à son milieu
est le crochet porte-boîte à graisse, ainsi que les deux crochets
destinés à recevoir la prolonge; la chevillette du crochet cheville-ouvrière, est attachée à une chaînette maintenue par un
crampon.

Pour accrocher les crochets d'attelage, dont la forme toute
particulière est donnée fig. 15 de la pl. II, les deux extrémités
de la volée sont munies de lamettes, dont la partie tournée
vers l'avant forme un anneau pour recevoir les crochets d'attelage. Pour les crochets destinés aux traits intérieurs il y a
des anneaux à pattes de milieu de volée. Sous la bride de fourchette se trouve la plaque à piton porte-servante.

Comme on voulait, avec cette construction de l'avant-train,
conserver le timon, il fallut inventer un moyen de faire porter ce timon par les chevaux de derrière sans trop les gêner
dans leurs mouvements. On a fait construire à cet effet un

support de timon en fer, composé de deux branches qui peuvent se mouvoir en avant et en arrière. Une description plus détaillée de cette construction, et le dessin pl. II, fig. 16, feront comprendre ce mécanisme.

A 0,035 millim. de l'extrémité du timon on assujettit un petit cylindre en tôle, A B C D (manchon de support de timon), dont les angles de derrière A D sont recourbés rectangulairement. Autour de ce cylindre on place un collier en fer composé de deux parties qui s'y adaptent exactement, et forment autour de l'anneau intérieur mobile un autre anneau extérieur E (collier de support de timon). Les deux extrémités F F des bandes du collier sont recourbées rectangulairement et percées de trous pour recevoir des boulons à écrou. Devant les colliers on fixe un anneau en fer G (rondelle de manchon), qui est consolidé par une clavette de manchon B, qui traverse le timon et empêche le mécanisme de glisser en avant.

L'arrondissement des deux bandes du collier de support est tel, que les extrémités F F de la bande supérieure et inférieure soient assez séparées pour pouvoir faire entrer dans cette séparation les extrémités applaties des branches du support de timon. Ces branches sont en fer; la partie I K est droite, la partie K L est courbée vers l'avant. L'extrémité aplatie s'adapte exactement entre les extrémités du collier de support auxquelles elles sont fixées par des boulons R R. Les branches de support de timon ont un mouvement en avant et en arrière autour de ces boulons. La partie courbe K L des branches de support de timon est séparée de la partie droite par le bourrelet de milieu K et se termine au bourrelet du bout. L'anneau M avec son chaînon N de la partie courbée peut se mouvoir entre ces deux bourrelets. Dans ce chaînon on boucle une courroie attachée au collier des chevaux de derrière.

L'extrémité du devant du timon porte un anneau à pattes dans lequel est passé, de chaque côté, un autre anneau portant les chaînes de bout de timon.

COFFRE A MUNITIONS.

Il est dans ses dimensions extérieures en tout point le même pour tous les calibres et pour toutes les voitures. Son centre est placé en arrière de la partie postérieure du corps d'essieu en bois et couvre la cheville ouvrière à crochet (1).

A l'exception des bouts qui sont confectionnés en bois d'orme, toutes les autres parties du coffre sont construites en bois de peuplier ou de sapin.

La ferrure consiste en quatre équerres d'angles, deux poignées, quatre équerres montants de devant et de derrière, deux charnières et un moraillon avec tourniquet. Le couver-

---

(1) Lors de l'adoption du nouveau matériel, on avait avancé le coffre de manière à ce que la cheville-ouvrière à crochet restât plus découverte ; cette disposition augmentait le poids à porter par chacun des timoniers de plus de 90 livres. Pendant l'expédition d'Alger les désavantages occasionés par ce changement se montrèrent si évidents qu'on résolut de reculer le coffre ; ce déplacement diminua considérablement le poids à porter par chacun des timoniers (*Voy.* tableau VII).

cle est couvert en tôle. Le coffre est fixé sur l'avant-train par le moyen de talons soudés aux équerres montants, et s'engrénant dans les arrêtoirs attachés aux armons et à la fourchette.

La disposition intérieure des coffres varie selon les différents calibres. Nous en parlerons plus au long à l'article *Encaissement des munitions*.

CAISSONS A MUNITIONS DE MONTAGNE (*Pl.* II, *fig.* 17.)

C'est un coffre, de bois de peuplier ou de sapin, de 0,90 centimètres de longueur sur 0'170 millim. de largeur ; vide, il pèse 12 kilogr.

Ferrure : quatre équerres d'angles, deux charnières de couvercle, deux chaînes en fer qui assujettissent la caisse au bât ; un moraillon avec tourniquet. Une entretoise d'écartement dont les deux bouts sont recourbés rectangulairement vers les côtés de la caisse, deux brides fixées aux bouts des charnières.

Le couvercle de cette caisse est recouvert d'une toile de lin imperméable. A l'intérieur on a cloué des tasseaux échancrés en forme de cylindre pour donner une position assurée aux obus. A chacune des deux extrémités de la tête est fixé un tasseau en bois porte-poignée.

TABLEAU 1. Dimensions principales des bouches à feu et de l'éprouvette de l'artillerie française.

DESIGNATION DES PARTIES.	CANONS						OBUSIERS			ÉPROUVETTE.		
	de 12.			de 8.			de 6 pou.	de 24.	de montag. de 12.			
	p.	l.	p.	p.	l.	p.	mètres.	mètres.	mètres.	p.	l.	p.
Longueur depuis la plate-bande de culasse jusqu'à la tranche de la bouche. — en pouces.	78	»	»	68	»	»	1,885	1,715	0,860	»	»	»
— en calibres.	»	»	»	»	»	»	11,53	11,51	7,22	»	»	»
Longueur de l'âme y compris son raccordement avec la chambre. — en pouces.	73	11	8	64	5	10	1,640	1,485	0,740	8	10	8
— en calibres.	»	»	»	»	»	»	10,05	9,06	6,21	»	»	»
Longueur de la chambre.	»	»	»	»	»	»	0,145	0,130	0,070	2	5	»
Longueur du raccordement.	»	»	»	»	»	»	0,1214	0,0833	0,070	»	»	»
Diamètre de l'âme.	4	5	9	3	11	»	0,1655	0,151	0,1205	7	»	9
— du projectile.	4	4	9	3	10	»	0,1635	0,149	0,119	7	»	»
Vent.	»	1	»	»	»	»	0,0020	0,002	0,0015	»	»	»
Diamètre de la chambre.	»	»	»	»	»	»	0,145	0,130	0,70	»	»	»
— à la plate-bande de culasse.	12	5	6	10	10	6	0,550	0,310	0,190	»	»	»
— du bourrelet.	9	10	3	8	7	3	0,285	0,252	0,175	»	»	»
Epaisseur de la culasse.	4	»	4	3	6	2	»	»	»	»	»	»
Epaisseur. Au 1er renfort. Derrière.	5	0	4	5	»	11	0,0815	0,0767	0,0385	»	»	»
Devant.	3	5	5	2	10	3				»	»	»
Au 2e renfort. Derrière.	5	»	3	2	7	7	0,0797	0,0884	0,02725	»	»	»
Devant.	2	8	5	2	4	1	0,0725	0,0388		»	»	»
A la volée. Derrière.	2	3	2	1	11	9	0,0618	0,0521	0,01975	»	»	»
Devant.	1	6	1	1	4	5	0,0416	0,0408		»	»	»
Longueur et diamètre des tourillons.	Egal au diam. du boulet.						0,1191	0,1058	0,060 / 0,068	»	»	»
Distance du centre des tourillons depuis la plate-bande de culasse jusqu'à la tranche de la bouche.	32	7	75	28	5	»	0,8355	0,7601	0,43	»	»	»
Abaissement du centre des tourillons au-dessous de l'axe de l'âme.	»	4	4	»	5	10	0,016	0,015	0,025	»	»	»
Ecartement des embases.	11	3	»	9	10	«	0,310	0,268	0,175	»	»	»
Diamètre de la lumière.	»	2	6	»	2	6	0,005	0,005	0,005	»	»	»
Distance du centre de la lumière à la plate-bande de culasse jusqu'à la tranche de la bouche.	3	3	»	2	9	»	0,105	0,106	» »	»	1	6
Distance du centre de la lumière au fond de l'âme.	»	3	6	»	3	3	0,020	0,020	0,010	»	»	0
L'angle d'élévation naturel est de.	58'23"			58'44"			59'10"	56'5"	30'	»	»	»
Longueur de la ligne de mire.	70	8	5	65	10	4 1/2	1,880	1,710	0,860	»	»	»
Poids de la bouche à feu.	885,0			581,0			885	581	100	117,0		
Poids du projectile.	5,87			3,92			11	7,1	5,90	20,30		
Puissance et matière par livre du projectile.	150,76			148,2			80,4	81,8	23,08	»	»	»

ESSIEUX ET ROUES (tabl. 2).

ESSIEUX.

ESSIEUX DE L'ARTILLERIE DE CAMPAGNE.

(*Pl.* II, *fig.* 18 et 19.)

L'artillerie de campagne fait usage de deux espèces d'essieux en fer, l'une pour tous les affûts, l'autre pour les avant-trains et pour toutes les autres voitures. Les fusées d'essieu sont construites d'après les mêmes principes, et ne diffèrent entre elles qu'en ce que le corps des essieux, des avant-trains et des voitures, est, à égale hauteur, plus étroit de 0,026 millim. que celui des essieux d'affût.

L'axe des fusées d'essieux est légèrement inclinée sur celui du corps. Ce corps est percé de deux trous pour le passage de deux boulons d'assemblage qui fixent le crochet-cheville ouvrière au corps d'essieu en bois de l'avant-train.

L'essieu des affûts pèse 71,50 kilog., et l'essieu d'avant-train et des autres voitures 55,5 kilog.

ESSIEUX DE L'ARTILLERIE DE MONTAGNE (*Pl.*II, *fig.*20).

L'essieu à l'usage des affûts de l'artillerie de montagne est en bois de frêne ou de jeune chêne. Deux forts équignons sont encastrés de toute leur épaisseur au-dessous des fusées de l'essieu et y sont fixés chacun par quatre clous. Deux viroles de bout d'essieu placées aux extrémités des fusées ; deux plaques de fusées d'essieu ; elles couvrent la partie supérieure des fusées sur un quart de leur longueur ; deux frettes de corps d'essieu appliquées à fleur des épaulements des fusées et arrêtées chacune par trois goupilles à pointe.

ROUES (tabl. 2).

ROUES DE L'ARTILLERIE DE CAMPAGNE.

(Pl. III, *fig.* 21.)

Le nouveau système n'a qu'une seule roue pour les affûts, l'avant-train de campagne, le caisson, le charriot de batterie, la forge et l'arrière-train du charriot de parc.

Son moyeu est en bois d'orme ou de chêne, quatorze rais jeune chêne et sept jantes d'orme ou de chêne, sept goujons, un cercle, sept boulons de cercle et sept écrous, deux cordons, deux frettes, la boîte de roue en cuivre et les crampons de de boîte. La boîte a une chambre. Pour chaque roue on a deux rondelles, l'une d'épaulement, l'autre de bout d'essieu. Le poids de la roue est de 102 kilogr.

ROUES POUR LES AFFUTS DE MONTAGNE.

(Pl. III, *fig.* 22.)

Cette roue consiste, outre le moyeu, en douze rais, six jantes, un cercle, deux boîtes de roue en fer et deux frettes. Le cercle est fixé sur les jantes par des clous et non par des boulons. Elle pèse 21 kilogr.

VOITURES.

CAISSONS A MUNITIONS (*Pl.* III, *fig.* 25).

Cette voiture est également empruntée au système anglais, et ne diffère que fort peu du caisson à munitions de l'artillerie de cette nation.

Elle se compose de : trois brancards, un épars, deux planches marche-pieds, une flèche, un essieu porte-roue, un essieu en fer, un corps d'essieu en bois, deux roues, une chaîne d'enrayage et de l'approvisionnement nécessaire en munitions et en instruments et outils de pionniers. Les parties en bois sont de chêne.

Le caisson à munitions français diffère principalement de celui de l'artillerie anglaise en ce qu'il a une flèche, d'une construction particulière, encastrée par son bout de derrière dans le corps de l'essieu en bois, au-dessous du brancard du milieu, et réunie, à la moitié de sa longeur, avec ce brancard par l'étrier de flèche en fer et ses deux boulons. De plus, à l'extrémité postérieure de ce même brancard, un porte-roue en fer remplace les planches marche-pieds des anglais ; ce porte-roue est destiné au transport d'une roue de rechange et est identiquement semblable à celui du caisson à munitions d'infanterie des Néerlandais. (*Voir l'artillerie néerlandaise.*)

La forte bande de fer qui donne au porte-roue la consistance nécessaire, sert encore à fixer une cheville ouvrière à crochet à l'extrémité postérieure du brancard du milieu, ce qui permet, en cas de besoin, d'accrocher un affût ou une autre voiture. L'assemblage de l'essieu avec le corps d'essieu en bois et les brancards, a lieu par le moyen de deux étriers d'essieu, placés sous les deux brancards extérieurs, et qu'on resserre avec quatre boulons. Sous la flèche, il y a deux anneaux pour recevoir un timon de rechange, et à sa droite encore un anneau et un crochet, servant à porter un écouvillon de rechange. Les outils de pionniers sont attachés aux brancards, et derrière le corps d'essieu en bois.

Le caisson porte deux coffres à munitions, identiquement les mêmes que ceux d'avant-train ; ils sont fixés sur les brancards de la même manière.

CAISSONS A MUNITIONS D'INFANTERIE.

Il est identiquement le même que le caisson à munitions d'artillerie.

CHARRIOT DE BATTERIE.

Il sert au transport des différents approvisionnements des munitions et outils, à celui des matériaux pour réparations, et des objets de rechange.

L'avant-train de cette voiture est le même que celui des affûts, l'arrière-train ressemble à celui du caisson à munitions, mais au lieu des deux coffres, il n'y a qu'un grand coffre

oblong, occupant tout l'espace compris entre les brancards.
Ce coffre a un couvercle demi-cylindrique. Cet arrière-train
diffère de celui du caisson à munitions en ce que le brancard
du milieu, le porte-roue de rechange et le crochet de remor-
que sont supprimés, et que cinq épars assemblent les deux
brancards qui servent ainsi, en même temps, de support au
coffre. Le couvercle demi-arrondi de ce dernier, est recouvert
d'une toile de lin imperméable. Au lieu du porte-roue, une
fourragère est attachée derrière le charriot. Le coffre de l'avant-
train est destiné à recevoir les outils des ouvriers en bois;
celui de l'arrière-train renferme les armements des bouches à
feu, les instruments des artificiers et autres approvisionnements.

FORGE DE CAMPAGNE.

L'avant-train est le même que celui des voitures de batteries, et pour la construction de l'arrière-train on a suivi les
mêmes principes que pour celle des autres voitures. Le coffre
d'avant-train contient les outils de forgeron et les approvisionnements en fer. Les deux brancards de l'arrière-train sont
unis ensemble par quatre entretoises. Sur le chassis de l'arrière-
train on trouve un coffre destiné à recevoir les outils de serru-
rier; un soufflet dont l'ouverture est tournée en avant, et une
âtre. L'arrière-train ayant été diminué depuis l'adoption du
nouveau matériel, il a fallu diminuer également le soufflet,
qui néanmoins, par suite d'une amélioration apportée dans sa
construction, a une force au moins égale à celui de l'ancien

système. Sous la flèche est un support par le moyen duquel on peut maintenir l'arrière-train, séparé de son avant-train, dans une position horizontale.

CHARRIOT DE PARC.

Les charriots de parc sont destinés au transport des munitions et des approvisionnements d'artillerie dont on ne fait pas un usage journalier. Ils appartiennent à l'artillerie de campagne aussi bien qu'à celle de siége. Ils ne se trouvent que dans les parcs de réserve. Leur destination n'exige pas la mobilité des voitures que nous venons de décrire. On leur a donné un avant-train qui ressemble à celui des affûts de siége : c'est une sellette d'avant-train avec sassoire. L'arrière-train supporte un grand chassis rectangulaire occupant tout l'espace des brancards.

Les essieux de fer et les roues de l'arrière-train sont les mêmes que ceux des voitures de batterie ; les roues de l'avant-train, au contraire, sont plus petites, et du diamètre de 1,232 millim. Leurs boîtes sont semblables à celles de l'artillerie de campagne. Il y a six jantes et douze rais.

Tableau N° 2.

Dimensions principales et poids des essieux et des roues de l'artillerie de campagne et de montagne.

DÉSIGNATION DES PARTIES.	ARTILLERIE de campagne.	ARTILLERIE de montagne.	AVANT-TRAINS ET VOITUR. de l'artillerie de campag.
	Mètres.	Mètres.	Mètres.
Longueur.. { totale de l'essieu	1,902	0,960	Comme p. les b. à feu.
du corps de l'essieu	1,060	0,480	Id.
des fusées jusqu'au trou de l'esse	0,375	0,248	Id.
Epaisseur du corps de l'essieu	0,080	0,100	0,076
Largeur du corps de l'essieu	0,086	0,120	0,060
des fusées { à l'épaulement	0,072	0,087	Comme p. les b. à feu.
au trou de l'esse	0,050	0,067	Id.
Diamètre... de la boîte de la roue { à l'extrém. de l'épaulem.	0,074	0,086	Id.
à l'extrém. de la boîte	0,052	0,066	Id.
de la roue ferrée	1,49	0,954	Id.
Largeur du cercle de la roue	0,071	0,050	Id.
Largeur de la voie depuis le milieu au milieu des jantes	1,525	0,750	Id.
Naissance de la roue	0,005	0,018	Id.
Jeu de la roue	0,002	0,001	Id.
Ecuanteur des rais	0,090	0,057	55,5
Poids d'un essieu	71,50	» »	Comme p. les b. à feu.
Poids d'une roue	101,5	21,00	

Quelque simple que soit l'armement de l'artillerie de campagne française, la construction de ses affûts. ne manque pas de défauts qui nuisent en quelque sorte au but qu'on voulait atteindre.

La description que nous avons donnée de la ferrure des affûts de campagne fait assez connaître celle des écouvillons, des léviers de pointage et de la prolonge, pour qu'il ne soit pas nécessaire d'y revenir. L'affût n'a point de ferrure pour recevoir les autres pièces d'armement, et le coffre d'avant-train, lui-même, ne présente de la place que pour une partie de ces pièces.

L'armement des bouches à feu est le même pour tous les calibres ; il consiste en :

Deux écouvillons hampés avec refouloir ; les écouvillons pour les obusiers sont les mêmes que ceux pour les canons qui se trouvent avec eux dans la même batterie. La seule différence qui existe entre eux c'est que l'écouvillon, pour les obusiers, est percé à la tête de refouloir d'un trou qui sert à recevoir la tête des fusées.

Deux léviers pour chaque affût ; ils ne sont pas ferrés par le bas, mais munis seulement d'un petit arrêtoir pour les empêcher de glisser à travers les anneaux de pointage.

Une prolonge. Elle a 6 m. de longueur et 0,25 à 0,28 mill. d'épaisseur. A un des bouts est attaché un billot en fer et à l'autre bout un anneau. Son poids est de 6 kilogr.

Un boute-feu porté dans une douille attachée au flasque de droite de l'affût.

Pour deux bouches à feu : un tire-bourre attaché à une hampe.

Un dégorgeoir ordinaire, un dégorgeoir à vrille. Ils ont tous les deux une poignée en bois. Ils sont placés dans le coffre d'avant-train.

Un doigtier en cuir, des sacs à cartouches de cuir, savoir : trois pour le canon de 12 et l'obusier de 24, deux pour le canon de 8 et quatre pour l'obusier de 6″. N'ayant point de place dans le coffre d'avant-train.

Un sac à étoupilles de cuir. Sur le couvercle est un anneau en cuir dans lequel on enfile le dégorgeoir pendant la manœuvre.

Un porte-lance. Sa construction est la même que celle des porte-lances des Hollandais. La douille est dans le coffret d'avant-train, le manche se trouve dans le caisson de parc.

Un étui à lances de cuir roussi dans le caisson de parc.

Une spatule et un crochet à désétouper dans les coffres à munitions.

Un sceau d'affût, en tôle, suspendu au crochet de la tête d'affût.

Nous parlerons au mot *Exercices* de la distribution de l'armement entre les différents servants.

CHAPITRE V.

Harnachement.

DESCRIPTION DES PARTIES DIVERSES DU HARNACHEMENT.

Le matériel français a changé entièrement sous le rapport des bouches à feu et des voitures; il en est de même du harnachement.

Le nouveau harnachement est un composé du harnachement allemand et anglais et du vieux harnachement français; le comité d'artillerie, chargé de la modification du système, a emprunté de ces différentes nations et adopté les parties qui lui paraissaient le mieux appropriées au but qu'on voulait atteindre. Ce harnachement est confectionné en bon cuir noir, double et triple dans beaucoup de ses parties ; les parties en fer qui en font partie sont limées soigneusement.

Les chevaux de trait ont tous des colliers; les chevaux de derrière ont seuls des plates-longes. Le harnachement des sous-verges ne diffère de celui des porteurs qu'en ce que les premiers ont, au lieu de la selle, qu'une large sangle avec un sufaix et des filets de porteur au lieu de brides.

COLLIER. (*Pl.* III, *fig.* 24.)

C'est le collier allemand ordinaire, tel qu'on le voit en Saxe aux chevaux des voitures de louage; il est plus large à la partie qui est sur le cou qu'à celle d'en bas.

Il consiste en une verge empaillée, en un corps de collier rembourré de paille, de bourre et de crins de cheval, assemblé par le haut et couvert d'une coiffe de cuir, appuyant fortement, de manière que le collier ait de la consistance même sans les attèles.

Les attèles en fer (*fig.* 25) sont assemblées en haut par une courroie d'attèles double A A qui se trouve au-dessous de la coiffe; pour pouvoir resserrer davantage les attèles au collier on les a pliées par le haut, par le bas elles sont assemblées par une agrafe en fer B, qu'on peut décrocher à volonté. Cette agrafe porte un anneau carré dans lequel est pris la languette de cuir C, qui doit être bouclée dans l'anneau coulant des supports de timon. Les crochets d'attèles ont encore dans leur partie supérieure un anneau D auquel s'accroche la rêne de sous-verge.

Les attèles ne sont du reste assujetties par aucun point d'attache. L'anneau carré d'attelage est assez haut placé, il y passe encore un anneau rond qui sert à supporter la platelonge des chevaux de derrière.

Dans l'anneau carré d'attelage est cousue une longe de trait, au bout de laquelle est un anneau H, à œil rond, dans lequel passent les traits. Sous les crochets de trait et les longes de trait est une plaque de frottement I en cuir. Sous la coiffe et à la partie postérieure du haut de corps du collier est cousue une courroie K que l'on boucle sur le devant de la selle.

TRAITS. (*Fig.* 26.)

Ils sont composés de cordes à quatre brins, terminées à chaque extrémité par une boucle. Dans la boucle de l'extrémité antérieure est un crochet, en tout semblable à ceux qui se trouvent à la volée de derrière, pour le trait des chevaux moyens (*fig.* 24). Derrière cette boucle est un nœud dans le trait ; entre celui-ci et l'anneau par lequel passe le trait, se trouve une plaque ronde en cuir qui empêche le trait de passer à travers cet anneau et le nœud de s'écraser. Dans la boucle de l'extrémité postérieure est une chaînette composée de cinq mailles. Les traits passent par des fourreaux de traits longs et larges ; à la partie supérieure de ces fourreaux sont attachées deux languettes qui sont bouclées dans des attaches qui se trouvent fixées à diverses parties du harnachement.

De cette manière tous les chevaux tirent du même trait, les chaînettes de trait des chevaux du timon, sont reçues dans les crochets d'attelage de la volée de derrière, celles des traits des chevaux qui précèdent immédiatement sont accrochées dans les crochets d'attelage de bout de trait des chevaux du timon, et ainsi de suite.

SELLE. (*Fig.* 27.)

Elle est la même pour tous les chevaux de trait et de selle.

Cette selle est une batte anglaise, assez large, dont les bandes se prolongent au-delà du troussequin de manière à servir de support porte-manteau. Ces bandes sont courbées en haut pour éviter la pression sur le cheval. Le pommeau est assez élevé; sa ferrure est garnie de trois boucles dont deux au côté gauche servent à fixer la fonte des pistolets, et la troisième, à la droite, à assujettir le porte-hache; la boucle du milieu reçoit la courroie du harnais auxiliaire. Sur la face postérieure du troussequin sont trois griffes pour attacher les courroies de la selle.

Le coussin de la selle passe dessous le prolongement des bandes, et y est attaché de la même manière qu'à la pointe du pommeau.

Le siége est recouvert d'une forte peau de vache; les quartiers ne sont pas fort grands; ils sont angulaires et munis d'une poche porte-fer de chaque côté. Il y a une double sangle qui à chacune de ses extrémités porte trois languettes à boucles.

Au pommeau sont attachées trois courroies qui servent à fixer le porte-manteau; elles passent dans des trous pratiqués dans la housse qu'elles assujettissent en même temps dessus le porte-manteau.

La garniture de croupe est bouclée dans un anneau carré (*fig.* 28); il est passé dans une forte courroie, reliée aux deux côtés des prolongements des bandes. Les étrivières sont attachées de la manière ordinaire. Outre les trois attaches de la sangle, il y en a encore une quatrième qui, pour les sousverges, porte l'attache du fourreau; pour les chevaux de selle, au contraire, elle est bouclée dans l'anneau demi-circulaire du harnais auxiliaire, au moyen d'une petite courroie à boucle.

Une schabraque, espèce de manteau blanc, doublée d'un

fort treillis, bordée d'une bande de drap rouge taillée en dents de loup ; elle est fixée, sur le devant de la selle, par les doubles courroies de paquetage ; sur le derrière, par celles du porte-manteau, et sur le siége, par une sangle de cuir.

Les sous-verges, ainsi que nous l'avons déjà dit, n'ont pas de selle, mais seulement un surfaix, ou petite selette, maintenu par une forte sangle. En avant et sur la partie supérieure du surfaix, est un crochet pour attacher la rène ; en arrière, une double courroie avec un anneau pour boucler la garniture de croupe ; aux côtés, deux attaches pour boucler les fourreaux de traits.

GARNITURE DE CROUPE AUX CHEVAUX DU DEVANT ET DU MILIEU.

Cette garniture consiste dans une courroie avec fourche, en un culeron rembourré, et en une longe de croupière avec un anneau demi-circulaire.

Les traits, lorsque les chevaux sont dételés, ne pouvant être accrochés dans l'anneau demi-circulaire, à défaut de crochets, on a cousu à ces derniers une courroie troussetraits, avec laquelle on boucle les traits sur la croupe.

GARNITURE DE CROUPE AUX CHEVAUX DE DERRIÈRE.

Elle est composée d'une avaloire qui entoure le derrière du cheval jusqu'à la région des flancs. A sa droite est attachée la plate-longe, qui passe devant le poitrail du cheval en traversant les anneaux qui se trouvent dans les attèles, et vient se fixer dans une grande boucle qui est cousue à l'extrémité gauche de l'avaloire. A cette plate-longe tient un anneau avec des crochets qui reçoivent les chaînes d'arrêt.

La garniture de croupe des chevaux de derrière est unie avec l'avaloire, par deux courroies qui se croisent sur la croupe au dessous de la croupière.

BRIDON DES PORTEURS.

LICOL. (*Fig.* 29.)

Il fait partie de la bride pour les chevaux de selle et pour les porteurs. Le mors de la bride est attaché au licol.

La muserolle a un anneau carré à chacune de ses deux extrémités, auxquelles est en même temps cousue la garniture de tête. Les différentes parties de cette garniture se croisent sur la tête, où elles sont assemblées par une têtière, et, en s'avançant vers l'anneau supérieur du gorgerin, elles forment en même temps la sous-gorge. La longe du licol est bouclée dans l'anneau postérieur de la muserolle.

FILET. (*Fig.* 29.)

Pour les chevaux de selle et les porteurs, un mors brisé avec d'assez grands anneaux et des rênes entières. Dans chaque anneau de filet est une pièce avec laquelle le filet est bouclé dans les anneaux cousus des deux côtés de la muserolle du licol.

BRIDE.

Pour les chevaux de selle et les porteurs, la têtière n'a rien de particulier; elle est pourvue d'une sous-gorge. Le mors a des branches droites, le dessus est large, il a des œillères carrées; son embouchure est entière et laisse peu de liberté à la langue. Les rênes, qui se terminent en forme de fouet, sont bouclées dans les anneaux fixés dans des crochets tournants.

BRIDON DES SOUS-VERGES. (*Fig.* 30.)

Les sous-verges, indépendamment du licol, ont encore une garniture de tête qui leur est particulière et qui est composée de deux montants, d'une têtière, de la sous-gorge, du frontal et de la muserolle. Le mors n'est pas cousu dans les montants; ces derniers dépassent au haut de la muserolle, et y fixent, à chacun des côtés, un fort anneau carré dans lequel est bouclé le mors; de la même manière que chez les porteurs, il l'est dans le licol.

Le mors est épais et long; ses deux extrémités sont fortement courbées. Outre l'œil qui se trouve à la hauteur de l'embouchure dans laquelle sont bouclées les rênes, le mors en a un autre à l'extrémité supérieure dans lequel sont fixées les languettes qui l'assemblent avec la têtière du filet. La rêne est également entière, mais elle n'est cousue que dans l'œil droit; son extrémité gauche se termine en ganse longue, par le moyen de laquelle et d'une boucle fixée un peu plus haut, on peut allonger ou diminuer la rêne.

On se sert de la rêne du licol en guise de rêne de main. Celle-là est passée d'abord par l'œil extérieur, puis par l'œil intérieur du mors, et de cette manière elle resserre les deux parties du mors au dessous de la mâchoire inférieure du cheval (1).

HARNAIS AUXILIAIRE.

Les chevaux des artilleurs à cheval et ceux des sous-officiers et trompettes de l'artillerie à pied, portent un harnais auxiliaire. Il consiste en un léger poitrail passant jusque derrière les étrivières et ayant des anneaux demi-circulaires à chacune de ses extrémités. Une courroie, fixée à chaque côté du poitrail, est bouclée dans la boucle qui se trouve à l'arçon de la selle. Le harnais auxiliaire est retenu aussi dans une position assez fixe pour l'empêcher de se déplacer.

CHARGEMENT DES CHEVAUX POUR LA MARCHE EN CAMPAGNE.

Le chargement est le même pour les porteurs et les chevaux de selle. Il consiste en :

1° Un porte-manteau, long de 22″ de Prusse, et épais

---

(1) La figure 29 indique la manière de se servir de la rêne de main. Nous n'avons pas représenté celle-ci assemblée avec le mors, pour ne pas rendre la figure inintelligible.

de 5 1/2″. Ce porte-manteau, indépendamment d'unpantalon de toile sans garniture de cuir, d'une seconde paire de bottes et de la boîte à toilette, renferme de plus le linge et d'autres petits objets dont les canonniers ont besoin. Son poids est de 13 livres et demie de Prusse.

2° De la besace, sac de coutil rayé blanc et bleu, tailladé d'un côté et ayant les mêmes dimensions de longueur et de largeur que le porte-manteau. Elle est destinée à recevoir l'uniforme ou la veste du cavalier, se place dessous le porte-manteau, et est fixée par le moyen de courroies bouclées au porte-manteau et à la selle.

3° Les musettes sont attachées par les courroies du pommeau, de manière que celle qui renferme le pain de munition du cavalier soit à la gauche, et que l'autre qui contient les ustensiles de pansage, soit à la droite du pommeau. Par-dessus les musettes est le sac à fourrages, dans lequel est plié le pantalon d'écurie, et enfin par dessus le tout est le manteau, fortement bouclé. Sur la gauche du pommeau, entre le manteau et la schabraque, on place encore la corde à fourrages, et sur la droite le bridon d'abreuvoir.

HARNACHEMENT ET CHARGEMENT DES MULETS DE L'ARTILLERIE DE MONTAGNE.

BAT. (*Fig.* 31.)

Le bât est composé des arcades de devant et de derrière, en bois d'orme, de deux planchettes de bois de peuplier, et de deux entretoises en bois d'orme. Les arcades sont ferrées à la

partie supérieure, d'une bandelette à crochet de devant et de
derrière, se terminant, à chacune de ses extrémités, par un
crochet saillant. Deux boulons en fer, passant par les deux
entretoises, donnent au bât la fixité nécessaire. Les entretoises ont, à leur partie supérieure, des entailles demi-arron-
dies, pour recevoir les tourillons de l'obusier.

Le bât est bouclé fortement pas trois sangles, et fixé par
une garniture de devant et une garniture de derrière.

CHARGEMENT DES MULETS. (*Fig.* 32.)

Deux mulets sont nécessaires au transport d'un obusier :
l'un porte la bouche à feu, l'autre l'affût.

L'obusier, la bouche tournée en arrière, est placé dans les
entailles demi arrondies, pratiquées dans la partie supérieure
des arcades de devant et de derrière, tandis que ses tourillons
sont logés dans les cavités des entretoises. Le tout est lié et
fortement bouclé au bât, par une courroie passant par les
trous des entretoises.

L'affût, l'essieu en avant, se place sur le bât, entre les
parties saillantes des entretoises, l'essieu en arrière de l'ar-
cade de devant. Il est lié et bouclé de la même manière que
la bouche à feu Les roues sont aux deux côtés du mulet,
l'extrémité de la boîte appuyée contre les planchettes du bât,
de manière que les deux fusées d'essieu de l'affût soient placées en saillie entre deux rais et une jante. On les assujettit
sur le bât par le moyen de la corde à enrayer, qu'on passe
dans la région de la vis de pointage au dessus de la flèche, et
qui de là est liée autour des deux jantes supérieures des
roues. Une autre corde, passée en dehors des jantes autour de '

l'essieu, donne encore plus de consistance à ce chargement, et retient en même temps les différents armements qui se trouvent posés au dessus de l'affût.

Les caisses à munitions sont suspendues par des chaînettes qui, à cet effet, se trouvent fixées sur le côté des caisses, dans les crochets saillants des bandelettes des arcades.

CHAPITRE VI.

—

Armement des canonniers.

ARMEMENT DE L'ARTILLERIE A PIED.

L'équipement est en peau de chamois corroyé.

Dans l'artillerie à pied les canonniers sont armés d'un mousqueton court du poids de 2,57 kilogr. ; pendant la manœuvre il est porté en bandoulière.

Les canonniers servants portent le sabre-poignard dont la lame à 18″ de Paris en longueur ; la poignée est en cuivre et en forme de croix ; le sabre repose dans un fourreau supporté par un ceinturon.

Les canonniers conducteurs, les sous-officiers et trompettes de l'artillerie à pied, sont armés d'un sabre d'un modèle particulier, plus court et plus cambré que celui de la cavalerie légère, et d'un pistolet.

Tous les canonniers portent, comme la cavalerie, la giberne avec bandoulière courte.

Le havresac est porté par deux courrois peu larges sans poitrail ; le manteau est porté en bandoulière ou roulé et bouclé sur le dessus du havresac, lequel ainsi empaqueté, et y compris une livre et demie de pain, pèse 20 livres de Prusse.

Les sous-officiers et trompettes ont un porte-manteau.

ARMEMENT DE L'ARTILLERIE A CHEVAL.

Il est le même que celui des conducteurs, des sous-officiers et trompettes de l'artillerie à pied.

CHAPITRE VII.

Poudre et munitions.

POUDRE.

La poudre de guerre est fabriquée en France dans douze poudreries situées : à Esquerdes, St-Ponce, Metz, Vonges, St-Chamas, Toulouse, Angoulême, St-Médard, Pont-de-Buis, Maromme, le Bouchet et le Ripault ; tous ces établissements sont sous l'inspection d'un lieutenant-général d'artillerie chargé de l'administration des poudres et salpêtres du royaume.

PRINCIPES CONSTITUANTS.

SALPÊTRE.

Le salpêtre indigène se tire des raffineries de Lille, Nancy, Lyon, Toulouse, Marseille, Bordeaux, Paris et le Ripault. Malgré les droits exorbitants dont est frappée l'entrée des salpêtres étrangers, ceux-ci sont toujours moins chers que le salpêtre indigène. Depuis longtemps la France aurait renoncé à la fabrication du salpêtre, si le gouvernement n'avait considéré que l'État perdrait, par cet abandon , de grandes recettes, que 2,000 ouvriers seraient privés de travail et que dans le cas d'une guerre un capital de 8,000,000 serait sans rapport. Ces raffineries tirent le salpêtre brut des salpêtriers, qui, pour cette exploitation, reçoivent une autorisation de 40 ans du ministre de la guerre. Ces salpêtriers sont tenus de livrer annuellement une quantité déterminée de salpêtre brut ; ils peuvent vendre à des raffineries particulières l'excédant de cette quantité. Les moulins à poudre reçoivent des raffineries le salpêtre parfaitement trituré. Cette trituration a lieu par le moyen de tonnes du poids de 40 kilogr. Chaque tonne renferme 40 kilogr. de gobilles. On fait tourner avec une vitesse de 30 tours par minutes. L'opération dure deux heures et demie pour une quantité de 20 kilogr. de poudre.

CHARBON.

Le charbon résulte de la calcination du bois de bourdaine. Le gouvernement choisit ce bois sur les plantations des propriétés particulières et le paie à un prix qu'il a fixé. La calcination a lieu dans un cylindre de fer pour la poudre de chasse.

SOUFRE.

Le soufre est fourni par le commerce et purifié par distillation dans la raffinerie de Marseille.

DOSAGE.

La poudre de guerre française se compose de 75 parties de salpêtre, 12 1/2 de charbon et 12 1/2 de soufre. La poudre des mines ainsi que la poudre pour le commerce d'outre-mer ne contient que 62 pour cent de salpêtre.

FABRICATION.

Dans les derniers temps on avait adopté dans quelques poudrières une méthode nouvelle de fabriquer la poudre qui différait entièrement de la fabrication ancienne. La poudre produite par cette nouvelle fabrication eut sur les bouches à feu des effets tellement destructeurs, qu'on la reconnut impropre à être employée comme poudre de guerre. À l'exception des poudreries du Bouchet, d'Angoulême et d'Esquerdes, dans lesquelles le nouveau procédé a été introduit, les neuf autres font encore usage de pilon. Les trois établissements que nous venons de nommer ne fabriquent que de la poudre de chasse pour le commerce, tandis que les neuf autres travaillent d'après l'ancien procédé et approvisionnent exclusivement l'armée de poudre de guerre.

Voici d'après le *Dictionnaire d'artillerie de Cotty*, les différents procédés de fabrication employés dans les poudreries royales actuellement existantes :

1°. Saint-Chamas : carbonisation dans des chaudières, pilons, presse hydraulique, mise en galette, séchage à l'air libre.

2° Vonges carbonisait autrefois dans des chaudières et dans des cylindres; tonnes à pulvériser avec des gobilles métalliques; tonnes à mélanger avec des gobilles en bois; pilons et presse hydraulique. Depuis 1828 on y fabrique la poudre de guerre par le procédé des pilons et avec des charbons résultant de la carbonisation dans des chaudières. Le séchage s'opère par deux moyens : 1° à l'air libre ; 2° à l'air échauffé traversant les couches de poudres à l'aide d'un ventilateur.

3° Metz : carbonisation dans des chaudières et dans des fourneaux ; tonnes à pulvériser, pilons et presse hydraulique ; séchage à l'air libre et à l'air échauffé. Depuis 1828 la fabrication de la poudre de guerre n'a plus lieu que par le procédé des pilons et de la carbonisation dans des chaudières. Le poussier qui tombe du grénoir est réduit en galettes par la presse hydraulique.

4° Saint-Ponce : carbonisation dans des chaudières, pilons, presse hydraulique, séchage comme à Vonges.

5° Maromme : comme Saint-Ponce; le séchage a lieu en partie par un courant d'air échauffé par la vapeur.

6° Le Pont-de-Buis avait fabriqué longtemps par l'ancien procédé des pilons; ce n'est qu'en 1828 qu'on y a adopté la presse hydraulique. Carbonisation dans des chaudières et séchage à l'air libre.

7° Saint-Médard achetait jusqu'à ce jour les charbons, mais a dû adopter la carbonisation dans des chaudières. On se servait des tonnes, des pilons et de la presse hydraulique. Les premières ne sont plus employées pour la fabrication de guerre depuis 1828. Séchage à l'air libre.

8° Toulouse : carbonisation dans des chaudières, tonnes, pilons, presse hydraulique et séchage à l'air libre.

9°. Le Ripault : carbonisation dans des chaudières et dans des fosses ; mêmes appareils qu'à Toulouse ; de plus séchage à l'air échauffé.

10° Le Bouchet, 11° Angoulême et 12° Esquerdes avaient adopté le nouveau procédé, surtout le Bouchet et Angoulême. Carbonisation dans des cylindres et dans des chaudières. Pour la fabrication de la poudre à grains anguleux : tonnes à pulvériser et à mélanger avec des gobilles métalliques, presse hydraulique, meules métalliques et laminoir. Pour la fabrication de la poudre ronde : tonnes à pulvériser, séchage à l'air libre et à l'air échauffé. La poudre de guerre fabriquée dans ces trois poudreries était le plus souvent ronde, rarement à grains anguleux.

A Esquerdes on employait autrefois le procédé de la carbonisation dans des cylindres, et les meules en marbre avaient remplacé les pilons. Le procédé des tonnes à mélanger renfermant des gobilles métalliques, et la presse hydraulique y avaient également été introduits. On fabriquait la poudre à grains anguleux dans des tonnes et avec la presse hydraulique ; quelquefois on y employait aussi les meules.

Aujourd'hui ces trois poudreries ne fabriquent plus que de la poudre de chasse ordinaire et superfine et de la poudre royale.

Les tonnes à pulvériser sont formées de 12 liteaux en bois ; les intervalles entre les liteaux sont remplis par du cuir fort, dont l'élasticité empêche la matière d'adhérer aux parois.

Chaque tonne renferme 150 kilogr. de gobilles de bronze de 0,005 millimètres de diamètre ; 18 livres de charbon sont pulvérisées dans ces tonnes pendant 12 heures avec une vitesse de 30 tours par minute; puis on y fait entrer 15 kilogr, de soufre, et on continue à faire tourner la tonne pendant 6 heures et 4 seulement pour la poudre fine; ensuite on fait passer ce mélange par un crible ayant 100 trous par chaque pouce carré, de là il tombe dans une auge; enfin on met dans ce mélange de charbon et de soufre le salpètre à raison de 19,5 kilogr. par 5,5 kilogr. de mélange, et on obtient ainsi une masse de poudre qui se compose de

      19,5 kilogr.   de salpêtre,
       3,0   »   de soufre,
       2,5   »   de charbon.

On met même 25 kilogr. de ce mélange ternaire dans la tonne à mélanger en y faisant entrer 60 kilogr. de gobilles; on fait tourner ce mélange pendant 12 heures et au bout de ce temps la pâte est formée. La température pendant cette opération monte à 39 degrés Réaumur.

On porte ensuite le mélange sous les meules d'une construction ordinaire, après l'avoir arrosé de 2 p. 0/0 d'eau et de 4 p. 0/0 pour l'espèce la plus fine. Les deux meules en bronze pèsent 5,000 livres.

On met d'abord 50 kilogr. de composition; après une heure et demie de broiement à 8 tours par minute, les galettes commencent à se mettre en poussier et on ajoute de nouveau 2 à 4 p. 0/0 d'eau; après 3/4 d'heure de broiement à 4 révolutions par minute les galettes ont obtenu une consistance suffisante et ne possèdent plus que 1/2 p. 0/0 d'eau.

D'après le procédé actuel, généralement suivi pour la préparation en galettes, la composition pour obtenir la consistance et la densité nécessaires, est mise sous une presse hydraulique. La compression est de 70 kilogr. par centimètre carré et dure une demi-heure. Deux hommes sont occupés à cette opération.

La granulation de la poudre s'exécute généralement dans les poudreries françaises par le moyen du crible du colonel Lefébure; à Angoulème seul on emploie encore l'ancien grenoir de Lefébure appelé *écureil* (1).

Le séchage s'opère par différents moyens que nous avons indiqués en parlant des procédés employés par les 12 poudreries de France. Le séchage à l'air libre est préféré au séchage à l'air échauffé, parce qu'il n'enlève pas le lustre aux grains. Par ce dernier procédé une sécherie peut sécher jusqu'à 400 kilogr. par 4 heures. Après le séchage un litre de poudre de guerre pèse 0,850 à 0,920 grammes. On appelle *gravimètre* la mesure ayant exactement un décimètre cube, qui sert pour prendre le litre de poudre dont le poids donne la *densité gravimètre* de la poudre.

Les 12 poudreries royales fabriquent annuellement, savoir :

Pour la vente, 950,000 kilogr. de poudre ;

Pour la réserve, 265,000 kilogr.

Pour la marine et l'armée de terre :

En temps de paix : 400,000 kilogr. ;

En temps de guerre : 3,200,000 »

Le kilogramme de poudre de guerre coûte au gouvernement 2 francs 66 centimes (2).

----

(1) La forme de cet ouvrage ne permet pas de donner ici la description de cette machine. Nous renvoyons les personnes qui désirent la connaître, aux ouvrages indiqués aux sources où nous avons puisé, sous n° 1 et 10.

(2) Ce prix est aujourd'hui diminué, par suite de l'économie provenant des nouveaux moyens employés pour se procurer le salpêtre. (*Note du Trad.*)

Les poudres de guerre sont mises dans des *barils* de la contenance de 50 et de 100 kilogr., qu'on renferme eux-mêmes dans des *chapes*.

Les *douves*, les *fonds* et les *cercles* des barils et chapes sont en bois de chêne.

ÉPREUVE.

On se sert pour l'épreuve d'un mortier-éprouvette, soudé à une semelle métallique sous un angle de 45°. Le tableau n. I en indique les dimensions principales. Sa chambre est cylindrique et son raccordement sphérique. Le globe en métal est tourné sur une machine très artistement construite; par ce moyen on lui donne une dimension d'une si grande justesse qu'il entre exactement dans l'âme.

Pour juger de la qualité des poudres soumises à l'épreuve, on les compare dans leurs effets avec une poudre-type.

Le règlement exige qu'une charge de 92 grammes lance à 225 mètres le globe qui pèse 29,30 kilogr. La poudre est rejetée lorsque sa portée reste au-dessous de 210 mètres.

Voici le procédé employé pour l'épreuve : les éprouvettes ne tardant pas à se détériorer et donnant des portées de plus en plus faibles, on corrige les portées des poudres soumises à l'épreuve au moyen d'une *poudre-type* choisie parmi les poudres de guerre. La portée de la *poudre-type* se détermine par un tir de 6 coups en prenant la moyenne des 5 derniers : cette moyenne est la portée que la poudre soumise à l'épreuve doit fournir.

25 kilogr. de cette *poudre-type* sont conservés avec soin dans des bouteilles pour servir aux épreuves comparatives.

Lorsque les portés de la poudre-type sont descendues à 200 mètres, il est nécessaire d'employer un globe d'un plus grand calibre. Si les portées continuent alors à descendre à 200 mètres, on renouvelle l'éprouvette après l'avoir toutefois éprouvée avec un globe-type. On tire pour chaque poudre soumise à l'épreuve 3 coups dont on prend la portée moyenne pour juger de sa force.

MUNITIONS. (Tab. III.)

—

PROJECTILES, CHARGES, ET LEUR ARRANGEMENT DANS LES COFFRES.

MUNITIONS A CANON.

L'artillerie française mène à sa suite en temps de guerre des cartouches à boulets et des cartouches à balles.

Les charges sont renfermées dans des sachets de serge à culot rond.

CARTOUCHES A BOULETS.

Le boulet est réuni à la charge pour former une cartouche. Il est fixé dans un sabot de bois par deux bandelettes de fer-blanc assujetties dans la rainure du sabot.

CARTOUCHES A BOITES A BALLES.

Elles sont séparées de leur gargousse. Il n'y a qu'une seule cartouche à balles par bouche à feu de campagne : la boîte de 10 demi-onces pour le canon de 8 et celle de 15 demi-onces pour le canon de 12 renfermant chacune 41 balles. La boîte entière pèse à-peu-près 1 4/5 du boulet. La charge pour les boîtes à balles est de 0,122 kilogr. plus forte que celle pour les boulets pleins.

La boîte à balles consiste en un cylindre de ferblanc, avec culot de fer battu et couvercle en tôle.

Les balles sont disposées verticalement dans les boîtes, les interstices sont remplis de sciure, dont la couche supérieure des balles est également couverte. On place dessus le couvercle en tôle un anneau en fort fil de fer, ensuite on rabat les franges avec le marteau.

CHARGEMENT DES MUNITIONS A CANON.

Ces munitions sont disposées verticalement; les charges de poudres sont placées avec les boulets en dessous, dans des compartiments disposés pour elles dans des coffrets d'avant-train ou de caissons, les interstices sont étoupés.

La figure 34 représente un coffret d'avant-train chargé pour le canon de 12, et la figure 35 un autre pour le canon de 8.

Chaque coffret est séparé en deux par une cloison perpendiculaire à la longueur. Des cloisons plus légères forment ensuite d'autres compartiments pour les rangées isolées des

boulets; ces compartiments sont perpendiculaires à la longueur du coffre dans les coffrets de 8, et parallèles à cette
même longueur dans les coffret de 12.

MUNITIONS D'OBUSIER.

OBUS.

Les obus concentriques sont fixées dans un sabot conique
(fig. 36), avec des bandelettes de ferblanc. Ce sabot, à sa
base, a deux trous cylindriques pour passer une corde qui
facilite le maniement de l'obus. Outre la charge explosive
des obus ils peuvent recevoir 0,12 kilogr. de mèche et de
roche à feu.

Les sabots coniques pour les obus de 12 de l'obusier de
montagne, ont à leur base une rainure, servant à y attacher
la cartouche.

BOÎTES A BALLES D'OBUSIER.

Les boîtes à balles d'obusier sont construites de la même
manière que celles pour les canons; elles n'en diffèrent que
par ce qu'elles n'ont point d'anneau en fil de fer dans le couvercle, et qu'elles ne sont pas fermées à leur base par un culot,
mais par un sabot conique en bois (fig. 37), percé également
de trous pour attacher une corde. La boîte est clouée à un
culot. La boîte entière pour l'obusier de 6" pèse environ
1 1/4 de l'obus, le poids de celle de l'obusier de 24 est à-
peu-près le double du poids de l'obus.

SACHETS.

Pour le feu d'obusier, on a deux espèces de sachets : un grand sachet, du poids de 1/7 de celui de l'obus, et un petit sachet, de la moitié du poids du grand. En campagne, on a des sachets à petites charges pour les obus, des sachets à grandes charges pour toutes les boîtes à balles, et quelques-uns en plus pour pouvoir, dans des cas particuliers, lancer des obus à de grandes distances. Les uns et les autres sont fermés au sommet par un sabot en bois (fig. 38), dans la rainure duquel sont liés les sachets. Comme en chargeant avec les petits sachets, une partie considérable de la chambre resterait vide, on a donné au sabot une forme cylindrique (fig. 39), d'une longueur telle, qu'en plaçant le sachet au fond, la chambre se trouve entièrement remplie.

CHARGEMENT DES MUNITIONS D'OBUSIER DE L'ARTILLERIE DE CAMPAGNE.

(*Fig.* 40 *et* 41.)

L'obus de 6″ est disposé dans le coffret, de manière que la première rangée soit couchée, et la seconde suspendue, les fusées tournées vers le bas. Les obus de 24 sont suspendus en deux rangées superposées, les fusées également tournées vers le bas.

Dans les coffrets d'obusiers, les compartiments longs sont encore divisés par des planchettes plus petites, encastrées

dans des rainures composées de deux tringles mobiles suscep-
tibles d'être enlevées.

Cette espèce de chargement des obus a pour but de ména-
ger les sabots. Les obus sont suspendus sur deux rangées,
les fusées tournées vers le bas ; leurs cases, séparées par des
planchettes, sont étoupées. Les obus de la première rangée
étant consommés, on enlève les planchettes de dessus pour
retirer les obus de la rangée inférieure. A l'aide de l'anneau
qui se trouve dans les sabots, les obus peuvent être facile-
ment retirés de leurs compartiments. On n'emmène point de
boulets incendiaires ni de ballons d'artifices.

La figure 40 indique la manière de disposer les obus de
6″ et la figure 41 celle des obus de 24.

CHARGEMENT DES MUNITIONS D'OBUSIER DE L'ARTILLERIE DE MONTAGNE.

Les obus sont disposés verticalement dans le coffret, les
fusées tournées alternativement en haut et en bas, les boîtes
à balles sont placées horizontalement aussi suivant une disposition alternative qui ménage beaucoup de place.

La figure 42 représente le chargement d'un coffret à obus,
et la figure 43 celui d'un coffret à boîtes à balles.

TABLEAU n. 3. — Poids et diamètres des pro-

	BOITES A BALLES.					
	POIDS				diamètre	Nombre de balles dans une boîte.
	de la balle de fer [*].		de la boîte pleine.	de la charge.	des balles.	
	mesure de Prusse.	mesure franç				
	demi-onces de Prusse.	kilogr.	kilogr.	kilogr.	mètres.	
Canons de 12.........	15, 16		10, 50	2, 08	0, 0385	41
— de 8.........	10, 05		6, 85	1, 346	0, 0335	41
Obusiers de 6".......	15, 16		15, 15	1, 50	0, 0385	60
— de 24.........	10, 05		11, 94	1, 000	0, 0335	70
Obusiers de mont. de 12	15, 16		5, 70	0, 270	6, 038	21

[*] Le poids de la balle est calculé d'après son diamètre.

jectiles de l'artillerie de campagne et de montagne.

| BOULETS PLEINS ET OBUS. | | | | | | | |
| POIDS | | | | DIAMÈTRE. | | | |
de l'obus vide ou du boulet.	de la charge d'explosion.	de l'obus chargé dans le sabot.	de la charge entière.	du projectile.	de la grande lunette.	de la petite lunette.	du vent moyen
kilogr.	kilogr	kilogr.	kilogr.	po. l. pi	po. l. p.	po. l. p.	p. l. p.
5, 87	»	»	1, 958	4 4 9	4 4 9	4 4 0	» 1 »
3, 99	»	»	1, 223	3 10 0	3 10 0	3 3 9	» 1 »
»	0, 37	11, 60	1, 5	6 0 0-48	6 0 6	5 11 6	» 1 »
»	0, 31	»	1, 0	05 6 0	5 6 2	5 5 4-5	» 1 »
3, 90	0, 262	4, 48	0, 27	4 5 9	0 11 90	0 11 78	0 00 15

ARTIFICES DE GUERRE.

—

ÉTOUPILLES.

Les étoupilles n'ont encore éprouvé aucune modification en France. Les tubes en roseaux sont taillés en forme de sifflet à la partie inférieure et à la partie supérieure ; leur intérieur est chargé d'une composition inflammable mêlée avec un peu de gomme, et percé ensuite avec une aiguille. Quand la pâte est tout-à-fait sèche on prend une mèche à étoupilles; on la plie en deux et on la pose ainsi que son extrémité recourbée sur le sifflet supérieur de manière qu'un des brins dépasse l'autre. On fixe ensuite la mèche au tube par un bout de fil.

FUSÉES DE PROJECTILES CREUX

La figure 44 en indique la forme. On emploie deux sortes de composition : la première de une partie de soufre, deux de salpêtre, trois de pulverin et 1/2 d'antimoine ; la seconde composition est de une partie de soufre, 2 de salpêtre et 3 de pulverin. On les mélange avec la main ou on les triture dans un baril pendant 4 heures. La fabrication ne présente aucune particularité digne d'être connue. Une longueur de $0,109^{m}$ de ces compositions durent :

La 1re composition triturée, 11 secondes, non triturée, 13 secondes.

La 2e composition triturée, 12 secondes, non triturée, 14 secondes.

MÈCHE A CANON.

On emploie deux procédés de fabrication de mèches à canon. Par le premier procédé on fait bouillir la mèche dans une
dissolution de 1/20 d'acétate de plomb ou on les laisse
tremper dix-huit heures dans cette dissolution refroidie. Le
mèche ainsi préparée brûle $0,162^m$ par heure. L'autre procédé consiste à lessiver le cordage; on le met dans un cu-
vier et on le laisse tremper dans une eau de lessive, préparée avec de la chaux et avec des cendres de bois. La mèche
ainsi préparée brûle $0,130^m$ par heure.

LANCES A FEU.

Elles sont formées au moyen d'enveloppes de fort papier.
La composition employée ordinairement consiste en 1 partie
de soufre, 2 de salpêtre, 3/16 de pulvérin, triturés pendant
4 heures au baril; ou bien en 1 partie de soufre, 2 de salpêtre, 1/8 de pulvérin et 1/8 d'antimoine, le mélange hu-
mecté avec de l'esprit de vin. Les lances préparées avec ce
dernier procédé ne sont sèches qu'au bout de 15 jours. Les
lances faites avec le premier mélange durent 10 à 12 minutes; les secondes plus longtemps de moitié.

DEUXIÈME PARTIE.

ORGANISATION DU MATÉRIEL.

CHAPITRE PREMIER.

Composition des batteries.

COMPOSITION DES BATTERIES DE CAMPAGNE ET DES PARCS. (Tabl. IV.)

La batterie de campagne, comme unité tactique, est composée de 6 bouches à feu dont deux obusiers, et 4 canons.

L'obusier de 6″ est réuni au canon de 12 pour former une batterie, et l'obusier 24 avec le canon de 8. Il n'y pas d'autres batteries d'obusiers.

BATTERIES DE 12.

Elles sont servies par l'artillerie à pied et composées de 4 canons de 12 et de 2 obusiers de 6″. Outre trois caissons à munitions par chacune de ces pièces et 1 affût de rechange art rois bouches à feu, elles mènent encore à leur suite 2

charriots de batterie et deux forges de campagne, ce qui porte
le nombre total des voitures de la batterie à 30.

BATTERIES DE 8, A PIED.

Elles sont composées du même nombre de bouches à feu,
d'affûts de rechange, de charriots de batterie et de forges que
les batteries de 12. Elles mènent de plus à leur suite 2 caissons à munitions d'artillerie pour chaque bouche à feu et 6
caissons à munitions d'infanterie, ce qui porte aussi à 30 le
nombre des voitures dont se compose chaque batterie.

BATTERIES DE 8, A CHEVAL.

Elles ne diffèrent de celles à pied sous le rapport du matériel, qu'en ce que le nombre des caissons à munitions de cavalerie est de 2 au lieu de 6, ce qui réduit le nombre des voitures dont elles se composent à 26 au lieu de 30.

TABLEAU n. 4. — Composition des batteries de campagne et des colonnes de munitions DE L'ARTILLERIE FRANÇAISE.

BATTERIES ET PARCS.	BOUCHES A FEU.					AFFUTS de rechange.	COFFRETS ou CAISSONS A MUNITIONS.					AUTRES VOITURES.			TOTAL.		
	CANONS.		OBUSIERS.				P. CANONS		P. OBUSIERS		P. CAISSONS à munitions d'infanterie.	CHARRIOTS de batterie.	Forges.	Chariots de parc.	des bouches à feu.	des voitures.	des voitures en général.
	de 12	de 8	de 6"	de 24	de 12		de 12	de 8	de 6"	de 24							
1 batterie de 12	4	»	2	»	»	2	12	»	6	»	»	2	2	»	6	24	30
1 » 8 à pied	»	4	»	2	»	2	»	8	»	4	6	2	2	»	6	24	30
1 » 8 à cheval	»	4	»	2	»	2	»	8	»	4	2	2	2	»	6	20	26
1 » 12 d'obusiers de montagne	»	»	»	»	6	1	»	»	2	»	10	4	1	»	»	»	»
Dans un corps d'armée, il y a batteries :												Coffrets p. outils					
2 batteries de 12	8	»	4	»	»	4	24	»	12	»	»	4	4	4	12	48	60
6 » 8 à pied	»	24	»	12	»	12	»	48	»	24	36	12	12	12	36	144	180
4 » 8 à cheval	»	16	»	8	»	8	»	32	»	16	8	8	8	8	24	80	104
Total des bouches à feu et voitures, pour ces 12 batteries	8	40	4	20	»	24	24	80	12	40	44	24	24	24	72	272	344
Parcs de réserve : Il y a	»	»	»	»	»	9	12	40	6	20	1	5	4	8	»	105	105
Total des bouches à feu et voitures, dans un corps d'armée	8	40	4	20	»	33	36	120	18	60	45	29	28	8	72	377	449

COMPOSITION DES PARCS.

—

PARC DE RÉSERVE DE CORPS D'ARMÉE.

(Tableau IV.)

Chaque corps d'armée composé de 2 divisions d'infanterie d'environ 12,000 hommes, a un parc de réserve, et toute armée composée de plusieurs corps a un grand parc général.

Le tableau qui suit, indique les bases adoptées pour la composition de ce dernier parc; le tableau IV fait connaître celles suivies pour la composition du parc de réserve de corps d'armée.

COMPOSITION DES PARCS.	PARC DE RÉSERVE DE CORPS D'ARMÉE.	PARC GÉNÉRAL, PARTIE MOBILE.
Caissons chargés à munit. { pour canon de 12 et obusier de 6"..............	1 1/2 par pièce du corps d'armée.	{ 1 1/2 par pièce de tous les corps d'arm. { 5 par pièce de la réserve générale.
{ pour canon de 8 et obusier de 24.................	1 » »	{ 1 » de tous les corps d'armée. { 2 » de la réserve générale.
{ à cartouches d'infanterie et de cavalerie...............	Ce qu'il faut pour compléter l'approv. à 75 cartouc. par homme d'infanterie.	Ce qu'il faut pour compléter l'approv. à 100 cartouc. par homme d'infanterie.
Affûts de rechange.................	1/8 par pièce du corps d'armée.	{ 1/8 par pièce du corps d'armée. { 1/4 » de la réserve générale.
Charriots de parc. { charg. d'approvis. d'attirail.	6	12
{ » d'outils d'ouvrier....	1	2
{ » ustens. et mat. d'artifi.	1	2
Charriot de batterie.................	1 pour 100 chevaux.	1 pour 100 chevaux.
Forges outillées. { non compris 2 forges portatives placées sur un charriot de parc.............	4	8

APPROVISIONNEMENT DES BATTERIES DE CAMPAGNE ET DES PARCS EN MUNITIONS.

(Tableau V et VI.)

L'approvisionnement de l'artillerie de campagne est de 334 coups par canon et de 259 coups par obusier. 7/10 des munitions à canon suivent la batterie et 3/10 se trouvent dans le parc de réserve. Pour les munitions d'obusier 3/5 suivent la batterie et 2/5 restent dans le parc de réserve.

Voici un tableau qui fait encore mieux connaître l'approvisionnement en munitions des batteries et des parcs (1).

	CANON.		OBUSIER.	
	de 12	de 8	de 6″	de 24
Dans le coffret d'affût de la bouche à feu..	23	32	14	22
Dans les caissons à munitions des batteries	207	192	132	132
Dans le coffret de l'affût de rechange....	6	8	7	11
Dans le parc de réserve................	100	100	100	100
Total....................	336	332	253	265
Parmi lesquels les coups à balle comptent pour...........................	1/10	1/7	1/10	1/11

(1) D'après l'*Aide-Mémoire à l'usage des officiers d'artillerie de* 1836, l'approvisionnement en munitions est le suivant :

Munitions des bouches à feu ; un double approvisionnement.	200 coups par bouche à feu, à la batterie.		
	200 coups par bouche à feu.	p. une batterie de corps d'armée.	moitié au parc de réserve.
		p. une batterie de la réserve générale.	moitié au parc général. au parc général.

TABLEAU n. 5. — **Approvisionnement en munitions des avant-trains et caissons de l'artillerie de campagne et de montagne.**

DÉSIGNATION DES MUNITIONS et des ARTIFICES.	AVANT-TRAINS.				CAISSONS.				COFFRETS à munitions de l'obusier de montagne.
	CANONS.		OBUSIERS		GARGOUSSES		OBUS		
	de 12	de 8	de 6″	de 24	de 12	de 8	de 6″	de 24	
Nombre total des coups	25	52	14	22	69	96	44	66	53
Cartouches à boulet ou à obus.	21	28	»	»	63	84	»	»	48
Obus ensabotés (1)	»	»	12	20	»	»	40	60	»
Boîtes à balles	2	4	2	2	6	12	4	6	5
Sachets à 1,985 kilogr.	2	»	»	»	6	»	»	»	»
Sachets à 1,225 »	»	4	»	»	»	12	»	»	»
Sachets à 1,50 »	»	»	4	»	»	»	12	»	»
Sachets à 0,75 »	»	»	12	»	»	»	36	»	»
Sachets à 1,0 »	»	»	»	6	»	»	»	18	»
Sachets à 0,5 »	»	»	»	18	»	»	»	54	»
Étoupilles	36	48	24	56	108	144	72	108	84
Lances à feu	4	6	4	4	12	18	12	12	14
Mèches en mètres	»	6	»	»	»	18	»	»	14

(1) La gargousse unie à l'obus de l'obusier de montagne de 12, pèse 0,27 kilogr.

TABLEAU n 6. — Armements et assortiments de l'artillerie de campagne.

DÉSIGNATION DES OBJETS.	NOMBRE DANS UNE BATTERIE		
	de 12.	de 8 à pied.	de 8 à cheval.
Bonte-feux	8	8	8
Crochets à désétouper (1)	44	32	32
Dégorgeoirs ordinaires (2)	14	14	14
Dégorgeoirs à vrilles (3)	8	8	8
Doigtiers	8	8	8
Écouvillons	16	16	16
Étuis à lances	8	8	8
Leviers (4)	16	16	10
Porte-lances	8	8	8
Sacs à cartouches	20	14	14
Sacs à étoupilles	8	8	8
Spatules	44	32	52
Tire-bourres	4	4	4
Boîtes à graisse (5)	6	6	5
Chasse-fusées (6)	12	12	12
Entonnoirs	4	4	4
Maillets chasse-fusées (6)	6	6	6
Mesures de poudre (6)	4	4	4
Pelles (7)	20	20	16
Pioches (8)	18	18	14
Prolongés	8	8	8
Seaux d'affûts	8	8	8
Seaux de forge	2	2	2
Flèches ferrées (9)	1	1	1
Essieux d'affûts	1	1	1
Essieux d'avant-train ou de voitures	1	1	1
Leviers de rechange	14	10	10
Roues de rechange (10)	10	8	6
Timons ferrés	6	6	5
Timons en blanc (11)	4	4	3

OBSERVATIONS.

(1) Dans les coffrets d'avant-train, un à l'affût et deux à chaque caisson à munitions.

(2) Dans les coffrets d'avant-train d'affûts et des caissons à munitions de la première ligne.

(3) Dans les coffrets d'avant-train d'affûts.

(4) Deux à chaque affût, le reste dans les caissons à munitions.

(5) Aux avant-trains des caissons à munitions, ou plutôt aux avant-trains de caissons à munitions d'infanterie.

(6) Dans un coffret qui se trouve sur le charriot de batterie.

(7) Une sur chaque caisson à munitions et sur chaque forge de campagne.

(8) Une sur chaque caisson à munitions.

(9) Sur le côté du charriot de batterie.

(10) Sur le porte-roue de rechange des caissons à munitions de réserve.

(11) Sous les caissons à munitions de réserve.

Les menus armements se trouvent, pendant la marche, dans les avant-trains d'affûts, sur les munitions.

Le rapport du nombre des coups à balles à celui des coups à boulets est donc fort minime. Dans l'artillerie anglaise ce rapport est encore plus petit (Voir 1er livr., tableau V. c.); mais il ne faut pas perdre de vue que ce petit nombre de coups à balles y est suffisamment remplacé par les obus à la Schrapnel.

L'approvisionnement des munitions d'infanterie est réglé pour chaque homme à 100 cartouches, dont 40 dans la giberne, 35 dans les caissons d'infanterie, des batteries et du parc de réserve, et 25 au parc général.

Pour l'approvisionnement des batteries en armements et assortiments (Voyez le tableau VI.)

CHAPITRE DEUXIÈME.

—

Charges des voitures et attelages.

(TABLEAU VII, VIII ET IX.)

Les tableaux indiquent suffisamment les données nécessaires. Le tableau n°. 8 fait connaître que les bouches à feu et les voitures de tous les calibres dans les batteries, sont attelées du même nombre de chevaux ; l'affût de rechange fait seul exception à cette règle générale.

Si nous considérons le poids absolu des différents calibres, il en résultera que le canon de 12 comparé à ceux du même calibre adopté par les autres puissances, est d'un poids moyen. Pour points de comparaison, prenons le canon saxon du poids de 3,627 livres de Berlin, comme le plus léger et le canon prussien du même calibre de 5,173 livres de Berlin, comme le plus lourd, et nous aurons pour terme moyen arithmétique le poids de 4,400 livres de Berlin, ce qui n'est pas fort éloigné du poids du cours de 12 français, calculé à 4,519 livres de Berlin. Le canon de 12 du système Gribeauval sur affût et approvisionné de 6 coups à boulet et 2 coups à balles pesait 4,195 livres de Berlin.

Quant au canon de 8, pièce de campagne légère, la comparaison est loin d'être aussi favorable. En mettant ce calibre en parallèle avec le canon de 6 des autres puissances, le terme moyen entre le canon de 6 hollandais, dont le poids est de 3,900 livres de Berlin, calibre le plus léger, et le canon autrichien pesant 2,300 livres de Berlin, comme le plus léger, le terme moyen, disons-nous, sera de 3,145 livres de Berlin, poids que le canon de 8 français, pesant 3,844 livres de Berlin, dépasse encore de 702 livres. Le canon de 9 anglais pèse seulement 177 livres en plus, et le canon de 8 du système Gribeauval, sur affût et approvisionné de 9 boulets et 4 coups à balles, pesait 3,303 livres de Berlin (1).

Quant au poids des obusiers, ces derniers comparés aux anciens obusiers courts, sont beaucoup plus lourds.

L'ancien obusier de 6″ pesait 2,753 livres de Berlin, l'obusier du nouveau système est donc plus lourd de 2,624 livres. L'ancien obusier de 24 pesait 2,624 livres, le nouvel obusier pèse donc en plus 1,150 livres. Le poids des diverses bouches à feu réunies dans une même batterie est dans un juste rapport.

Si l'on compare le poids des caissons à munitions avec celui de leurs bouches à feu respectives, on trouvera qu'en effet ils sont tous plus légers; mais ce rapport ne se trouve

---

(1) L'adoption du canon de 8, comme pièce d'artillerie légère, a dû nécessairement soulever de nouveau cette question chez les autres puissances : Quelle peut être, dans une bataille, la supériorité du canon de 8 sur celui de 6 ? Pour résoudre ce problème, on a fait, à Berlin, pendant l'été de l'année 1834, des expériences comparatives entre le canon de 8 français et celui de 6 prussien. Elles ont fourni la certitude que celui-ci pouvait lutter fort avantageusement avec celui-là.   (*Note de l'auteur.*)

plus le même dans les batteries légères, en prenant en considération le poids des servants qui sont sur les voitures.

Dans cet état les caissons à munitions des batterie lourdes restent les plus légers de 4 $\frac{5}{4}$ quintaux que leurs bouches à feu, tandis que ceux des batteries légères, par suite de la charge des servants deviennent plus lourds de 1 $\frac{3}{4}$ de quintaux.

La charge par cheval est de 7 $\frac{1}{4}$ quintaux, servants compris, pour les bouches à feu des batteries lourdes, et de 6 $\frac{7}{8}$, pour les caissons à munitions. Pour les bouches à feu au contraire des batteries légères, la charge moyenne par cheval est de 6 $\frac{1}{2}$ quintaux, et de 6 $\frac{7}{8}$ quintaux, pour les caissons à munitions. Le tableau 9 fait connaître la quantité de chevaux employés au transports des diverses munitions.

TABLEAU n. 7. — Poids de l'artillerie de campagne et de montagne, en kilogrammes.

DÉSIGNATION des parties des bouches à feu et des voitures.	CANONS de 12.	de 8.	OBUSIERS de 6".	de 24.	de 12.	
BOUCHES À FEU.						
La bouche à feu	885	581	885	581	100	
L'affût sans roues	366,9	327	366,9	327	61	
L'avant-tr. d'affût sans roues	235	235	243	242	»	
Les quatre roues	408	Comme pour celui de 12.			42	
Le coffret à munit. de l'artil. de montagne	»	»	»	»	9,5	
Armements et approvision.	31	Comme p le canon de 12.			»	
Munitions dans l'art. de montagne, en { obus. / balles / cart. d'inf.	210	199	208	215	49,00 / 37,50 / 45,00	
Charge totale de la voiture	2136	781	2142	1804		Ch. mulet portant 2 coffres à munit., il en résulte que ch. d'eux a, outre le bât une ch. de
Charge par cheval	356	297	357	361		
CAISSONS À MUNITIONS.						
L'arr.-tr. avec coff. et roues	554	554	570	558		
Munitions dans l'arrière-tr.	420	398	428	430	98	
L'avant-train	640	638	635	661	75	
Munitions dans l'avant-tr.	9,35	9,35	9,35	9,35	00	
Charge totale de la voiture	1632,35	1590,35	1662,35	1668,35		
Ch. par chev. aux batteries	272	267	277	276	»	
Ch. par cheval aux parcs	407	399	416	417	»	
AFFUTS DE RECHANGE.						
Affût avec avant-train, munitions, approvisionnem.	1251	1200	1257	1223	»	
Charge par cheval	313	300	314	306	»	
LES AUTRES VOITURES.	Charr. de batt.	Forges de camp.				
La voiture vide avec roues	971,00	1064,00				
Le chargement	1786,98	732,19				
Outils de pionniers	»	7,50				
Ch. de la voit. ch. et approv.	2757,98	1803,69				
Charge par cheval	459,66	306,61				

OBSERVATIONS.

Les poids indiqués dans ce tableau ont été pris dans l'*Aide-Mémoire* de 1836, mais ils ne concordent pas tout-à-fait avec les totaux des poids donnés dans cet ouvrage. Nous avons additionné les poids de chacunes des parties, et nous donnons encore ici les totaux d'après l'*Aide-Mémoire* ainsi que quelques autres résultats.

Poids total du canon de 12	2138 kilogr.
» 8	1788
» de l'obusier de 6"	2125
» 24	1797
» du caisson à munitions du canon de 12.. }	1624,35
» 8 }	1591,35
» de l'obusier de 6'. }	1654,35
» 24.. }	1600,35
Poids du tr. de dessous de l'av.-tr. d'aff. sans roues.	106
Poids du coffret vide sans les compartiments	61
Poids des compartiments pour canons	6
» pour obusiers de 6"	10
» de 24	13

	BOUCHES À FEU Lourdes.	Légères.	VOITURES
	kilog.	kilog.	kilog.
Poids de la crosse d'aff. sur le terrain sans bouche à feu	96	83	
Poids de la cr. d'af. sur le ter. avec b. à feu	146	126	
Poids de la lun. sur le croch. (tro) chargée	79	69,70	46,20
Cheville ouvrière, l'affût chargée	72	68,00	48,00
Poids moy. du bout de timon pris à l'emplacem. de suspens. de la voiture { non chargée	16,50	comme	18,00
{ chargée	13,50	p. le 12	14,30
{ charg. avec les serv. sur le coffre	15,55	17,05	18,00

BIBLIOTHÈQUE ROYALE

TABLEAU n. 8. — Attelages.

DÉSIGNATION DES VOITURES.	NOMBRE de chevaux	OBSERVATIONS.
Bouches à feu. { de 12 / 8 / 6" / 24 } canons. . } obusiers.. }	6	On compte 12 f. 0⁄0 de chevaux de trait pour rechange et pour traîner les voitures de l'état-major général.
Caiss. à munit. { p. l'artill. } aux batt. } aux parcs { p. l'infant } aux batt. } aux parcs	6 / 4 / 6 / 4	
Affût de rechange.	4	
Charriot de batterie. . . . . } Forges de campagne. . . . . } Charriots de parc. . . . . } Caissons d'artifices. . . . . }	6	

TABLEAU n. 9.

Comparaison de la quantité de chevaux employés au transport des diverses munitions.

ESPÈCE de BOUCHES A FEU.	AUX BATTERIES,		AU PARC DE RÉSERVE		EN TOUT.	
	NOMBRE de chevaux.	MUNITIONS transportées	NOMBRE de chevaux.	MUNITIONS transportées	NOMBRE de chevaux.	MUNITIONS transportées
Pour le canon de 12	25	236	6	104	31	340
» 8	19	232	4	96	23	328
Pour l'obusier de 6"	26	153	6	66	32	219
» 24	20	165	4	66	24	231
» 12	7	53	»	»	»	»

CHAPITRE TROISIEME.

—

ÉTAT ET RAPPORT NUMÉRIQUE

DE

L'ARTILLERIE AUX AUTRES ARMES.

———

Depuis 1797 l'artillerie occupe la première place dans l'armée. Lorsque l'artillerie marche sans bouche à feu, la place de l'artillerie à pied est à la droite de l'infanterie, et celle de l'artillerie à cheval à la droite de la cavalerie. Si elle marche avec batteries attelées, sa place est au centre entre l'infanterie et la cavalerie.

En novembre de l'année 1832 la force de l'armée française, déduction faite de l'artillerie et des non-combattants, était de 302,273 hommes. L'artillerie de campagne mobile, était composée de 99 batteries de campagne de 6 bouche à feu chacune, dont 33 batteries à cheval. Ce nombre de bouches à feu de 594 ne porte pas encore le rapport de 2 bouches à feu pour 1,000 hommes.

Si l'on compare le rapport de l'artillerie à pied à l'infanterie, et celui de l'artillerie à cheval à la cavalerie, il en résulte qu'il y a $4\frac{2}{5}$ de bouches à feu d'artillerie à cheval pour 1,000 chevaux, et $1\frac{3}{5}$ bouches à feu d'artillerie à pied par 1,000 hommes d'infanterie. La cavalerie comptant à l'époque

que nous venons d'indiquer, 47,000 combattants et l'infanterie 246,600 (1).

L'Aide-Mémoire de 1836 porte les données suivantes sur
le rapport numérique de l'artillerie aux autres armes :

Le rapport numérique de l'artillerie dépend de la force et
de la valeur des autres armes, de la composition des armées
qu'on veut combattre, de la nature du théâtre et du caractère
de la guerre; il varie de 1 à 3 bouches à feu par 1,000
hommes.

Dans des circonstances ordinaires les bases suivantes sont
le plus souvent adoptées :

Deux bouches à feu par 1,000 hommes, dont	} 2⅓ canons } 1⅓ obusiers }	1⅟4 de 12 — 3⅟4 de 8 — 1⅟4 de 6″ — 5⅟4 de 24

Ces bouches à feu sont réparties dans l'armée de la manière suivante :

1 bouche à feu par 1,000 hommes dans les divisions d'infanterie : canon de 8 et obusier de 24, batteries à pied.

2 bouches à feu par 1,000 hommes de division de cavalerie : canon de 8, obusier de 24, batterie à cheval.

---

(1) Ces chiffres sont empruntés à l'ouvrage de Reitzenstein, sur le siége de
la citadelle d'Anvers (tabl. n. 1). Si, au contraire, nous prenons pour base le
tableau n. iv, dans lequel on fait déduction des recrues et des troupes se trouvant à l'extérieur, les résultats seront différents. D'après ce tableau, l'armée
active, non compris l'artillerie, était composée, en novembre 1852, de
205,574 combattants, dont 173,476 infanterie, 23,880 cavalerie et 6,218
pontonniers et soldats du génie. L'artillerie, disponible et mobile, comptait
98 batteries (une autre se trouvait dans Algérie), ce qui donne 3 bouches à feu
par 1,000 hommes.

2|3 bouches à feu par 1,000, dans la réserve de chaque corps d'armée.

- moitié   canon de 12   } batteries à pied.
-      obusier de 6″ }
- moitié   canon de 8   } batteries à cheval.
-      obusier de 24 }

1|2 bouche à feu par 1,000 hommes, dans la réserve générale.

- moitié   canon de 12   } batteries à pied.
-      obusier de 6″ }
- moitié   canon de 8   } batteries à cheval.
-      obusier de 24 }

CHAPITRE IV.

Composition du personnel.

Depuis 1774 le matériel de l'artillerie française n'avait subi, du moins dans ses parties essentielles, aucune modification; tandis que de nombreux et fréquents changements avaient eu lieu dans le personnel de cette arme. A la première révolution française le personnel de l'artillerie était composé de 7 régiments (dénommés par le lieu où ils tenaient garnison), de 20 compagnies de canonniers et de 6 compagnies de mineurs. La force complète de ces corps sur le pied de guerre, était de 13,115 hommes y compris les officiers. La direction de cette armée qui, jusqu'à 1791, où elle reçut une autre organisation, était confiée à un inspecteur-général, fut alors donnée à un comité d'artillerie composé de lieutenants-généraux et de maréchaux-de-camp. Les guerres non-interrompues de cette époque firent sentir le besoin d'augmenter le personnel de cette arme, considérée en 1797 comme la première de l'armée, et en 1799 elle comptait déjà en 27,860 hommes dont 20 généraux et 902 officiers supérieurs.

Il existait alors 8 régiments d'artillerie à pied et 8 régiments d'artillerie à cheval, 2 bataillons de pontonniers et 12 compagniers d'ouvriers.

En 1801 l'artillerie fut placée de nouveau sous la direction d'un 1er inspecteur-général. Le général d'Aboville fut nommé à cet emploi éminent; il créa les bataillons du train d'artillerie et fit ainsi cesser le système d'entreprise qui avait subsisté jusqu'alors. Le personnel augmenta encore sous l'empire; il comprenait, en 1813, 88,496 hommes.

La paix amena naturellement de nombreuses réductions; en 1816 le comité d'artillerie fut de nouveau rétabli sous la présidence du général Vallée, le plus ancien lieutenant-général et créateur du nouveau système d'artillerie, lequel sans avoir le titre d'inspecteur-général, en exerça néanmoins toutes les fonctions et toute l'influence. Ce titre en effet ne lui fut donné qu'au commencement de 1830, mais il le perdit immédiatement après la révolution de juillet.

Le personnel de l'artillerie reçut en 1825 une réorganisation complète et radicale. On licencia le train qui fut remplacé par des canonniers conducteurs pour les batteries de campagne; on supprima les régiments d'artillerie à cheval et on composa les nouveaux régiments de batteries à pied et à cheval. Le licenciement de la garde qui eut lieu en 1830, frappa également le régiment d'artillerie de cette arme, il reçût le n° 11. Le personnel de l'artillerie était alors organisé ainsi qu'il suit :

11 régiments d'artillerie de 16 compagnies avec 935 officiers, en tout 26,157 hommes, 21,188 chevaux sans les chevaux des officiers.

	Officiers.	Hommes.	Chevaux.
1 bataillon de pontónniers	63	1,561	»
12 compagnies d'ouvriers	48	1,212	»
6 escadrons de train des parcs	144	5,000	7,692
A quoi il faut ajouter l'état-major, composé de :			
Lieutenants-généraux	9	»	»
Maréchaux-de-camp	13	»	»
D'autres officiers, depuis le grade de colonel jusqu'à celui de capitaine.	463	»	»
Total.	1,674	32,930	28,880

34,566 hommes.

L'état-major de l'artillerie devait être composé de :

8 lieutenants-généraux ;

14 maréchaux-de-camp ;

296 colonels et officiers jusqu'au grade de capitaine ; ceux-ci sont employés comme directeurs et sous-directeurs dans les places-fortes, dans les établissements d'artillerie, dans les écoles, au ministère, etc. ; et enfin de :

587 employés.

Un régiment d'artillerie était formé de 3 compagnies à cheval, de 6 compagnies ou batteries montées et de 7 compagnies ou batteries non-montées. Ces 9 compagnies formèrent l'artillerie de campagne ; les 7 autres compagnies non-montées étaient destinées au service de siège, des places fortes et des parcs. Chaque régiment avait de plus une compagnie de dépôt et un peloton hors-rang. Plus tard on avait également formé une compagnie de tireurs de fusées à la congrève ; cette compagnie était formée et tirée des compagnies faisant le service des places fortes. Une de ces batteries se trouvait à l'expédition d'Alger ; il y en avait également dans l'armée d'observation combinée de Meuse et Moselle durant le siége de la citadelle d'Anvers.

Indépendamment de ces onze régiments, le corps de l'artillerie comprenait encore :

1 bataillon de pontonniers de 12 compagnies;

12 compagnies d'ouvriers;

1 compagnie d'armuriers;

6 escadrons du train des parcs d'artillerie destinés au service et au transport des munitions et des équipages de siége. Chaque escadron avait 6 compagnies, 1 peloton hors-rang, et un cadre de dépôt en temps de guerre. Enfin le corps d'artillerie comptait encore 13 compagnies sédentaires auxquelles furent jointes en 1832 4 compagnies d'artillerie garde-côtes maritimes.

Cette formation était loin de satisfaire sous beaucoup de rapports; aussi une ordonnance en date du 18 septembre 1833 prescrivit une nouvelle réforme dans le personnel de l'artillerie. Voici les bases de cette nouvelle organisation telles qu'elles ont été développées dans l'ordonnance par M. le ministre de la guerre :

L'organisation de l'artillerie du 25 août 1829 fait supposer que l'armée française peut mettre en campagne 99 batteries, supposition qui n'est exacte qu'autant et aussi longtemps que les chevaux se trouvent au grand complet. En cas de pertes de chevaux le remplacement deviendrait fort difficile ; il ne pourrait s'opérer qu'en tirant chevaux et hommes des escadrons du train des parcs, où ils feraient nécessairement un vide non moins sensible.

Il serait facile de remédier à cet inconvénient si toutes les batteries d'un régiment étaient attelées, parce que alors les

batteries qu'on voudrait mettre sur le pied de guerre pourraient être complétées par celles qui seraient conservées sur le
pied de paix. Pour cet effet, il faudrait que toutes les batteries
fussent en temps de paix, formées en cadres qui, pour être
mis sur le pied de guerre, n'auraient besoin que de recevoir
des renforts en hommes et en chevaux. Cette mesure simpli-
fierait l'administration en même temps qu'elle ferait disparaître
beaucoup de difficultés produites par le changement des compagnies et par leur destination à des batteries attelées et non
attelées.

Mais cette réforme exigeait le changement des états, et
comme les régiments n'étaient déjà que trop forts, il fallait
recomposer les 11 régiments qui existaient déjà et en faire
14. Toutefois pour économiser et ne pas surcharger de dé-
penses les caisses de l'État les officiers supérieurs pourraient
être tirés de l'état-major particulier de l'artillerie et les chevaux des escadrons du train.

De cette manière chacun des 14 régiments d'artillerie devait être composé d'un état-major, d'un peloton hors-rang,
de 12 batteries et d'un cadre de dépôt. Chacun de ces régiments serait commandé par un colonel, un lieutenant-colonel,
un major et par six chefs d'escadron. Chacun de ces derniers
aurait 2 batteries sous ses ordres. Le nombre existant des officiers supérieurs fixés à 55 serait porté à 98 ; cet excédant
d'officiers serait choisi dans l'état-major particulier de l'armée.
Au temps de l'organisation de 1829, on fit des études ac-
tives et réitérées ; elles firent connaître que la France avait
besoin de 32 batteries d'artillerie à cheval ; les 4 premiers
régiments recevraient par conséquent 3 batteries à cheval,
tandis que les dix autres n'en auraient que deux.

Restait l'attelage des parcs, des transports d'artillerie, et de ceux des pontonniers. Les 6 escadrons du train des parcs furent destinés à ce service ; mais comme ils n'avaient qu'à former le nombre nécessaire d'hommes et à faire le service dans les arsenaux et dans les écoles d'artillerie, ils pourraient être en temps de paix réduits à 120 chevaux par escadron. Chaque escadron serait composé de l'état-major, d'un peleton hors-rang, de 6 compagnies, et de plus, sur le pied de guerre, d'un cadre de dépôt.

Telles furent les considérations qui firent adopter la nouvelle organisation, et le 18 septembre 1833, sur l'avis du comité d'artillerie et sur le rapport de M. le ministre de la guerre, parut l'ordonnance qui renferme les dispositions suivantes :

I. RÉGIMENT D'ARTILLERIE.

1. Le nombre des régiments d'artillerie est porté de onze à quatorze ; chacun d'eux est composé, indépendamment de l'état-major, d'un peleton hors-rang, de 12 batteries attelées et d'un cadre de dépôt (1).

2. Les 4 premiers régiments d'artillerie auront 3, et les 10 autres 2 batteries à cheval ; chaque régiment d'artillerie sur le pied de paix de 3 batteries à cheval, de 9 batteries à pied et d'un cadre de dépôt sera composé de :

---

(1) Pour la force et la composition des états-majors, des batteries, etc., voyez le tableau 10.

70 officiers, 1,232 sous-officiers et soldats, et 28 enfants de troupes;

81 chevaux d'officiers, 540 chevaux de service;

Chaque régiment d'artillerie de 2 batteries à cheval, 10 batteries à pied et d'un cadre de dépôt sera composé de :

70 officiers, 1,232 sous-officiers et soldats, et 28 enfants de troupes;

81 chevaux d'officiers, et de 502 chevaux de service.

La force totale des 14 régiments d'artillerie sur le pied de paix sera donc :

| | TÊTES. | | | CHEVAUX. | | |
| | | | | | DE SERVICE | |
	offic.	sous-offic. et soldats.	enfans de tro.	d'off.	de selle	de trait
14 états-majors	238	140	»	406	112	»
14 pelotons hors-rang.	14	714	28	»	»	»
32 batteries à cheval.	128	3,072	64	128	1,536	768
156 » à pied montées	544	13,056	272	544	1,360	3,264
14 dépôts-cadres.	56	266	28	56	140	»
Total.	980	17,248	392	1,154	3,148	4,032

En cas de guerre le ministre de la guerre déterminera le nombre des batteries à mobiliser. Le tableau n. 10 fait connaître le pied de guerre du personnel des batteries de campagne.

II. ESCADRONS DU TRAIN DES PARCS D'ARTILLERIE.

Il y aura 6 escadrons du train du parc. Le tableau n. 10 fait connaître la force de l'état-major d'un escadron et des compagnies. Le pied de paix des 6 escadrons sera composé ainsi qu'il suit :

| | TÊTES. | | | CHEVAUX. | | |
| | | | | | DE SERVICE | |
	offic.	sous-offic. et soldats.	enfans de tro.	d'offic.	de selle	de trait
6 états-majors	30	30	»	48	30	»
6 pelotons hors-rang	6	168	12	12	»	»
56 compagnies	36	1,080	72	36	144	576
Total.	72	1,278	84	96	174	576

En cas de guerre le ministre de la guerre déterminera le nombre des compagnies à mettre sur le pied de guerre.

Le bataillon des pontonniers, les compagnies d'ouvriers et la compagnie d'armurier conserveront leur organisation.

Les 4,032 chevaux de trait des nouveaux régiments seront employés au transport de

336 bouc. à feu, 336 caissons à munit. à 6 chev. par voit, ou

336 » 672 » à 4 »

Le nombre des batteries à mobiliser en temps de guerre ne se réglant que d'après les besoins de l'actualité, il est impossible d'en déterminer à l'avance la force du corps de l'artillerie sur le pied de guerre. Sous l'ancienne organisation, le pied de guerre était fixé, y compris les pontonniers, le train, etc., à 39,358 hommes et 30,2 1 chevaux. L'effectif en 1833 était composé de 35,083 et de 29,589 chevaux.

Les 14 nouveaux régiments d'artillerie à 12 batteries formeraient donc d'après la nouvelle organisation 168 batteries. Mais en admettant que le rapport antérieur des batteries attelées aux batteries non attelées, lesquelles dernières étaient destinées au service des batteries de siége, des places fortes et des parcs, service qui se fait encore par les régiments d'artillerie, si, disons-nous, ce rapport est exact, il résultera, d'après la proportion antérieure de 16 à 7, qu'il n'y a que 96 batteries de campagne ou 576 bouches à feu, dont 32 batteries à cheval ou 192 bouches à feu.

CHAPITRE V.

—

Recrutement.

L'artillerie, de même que les autres troupes de l'armée françaises, se recrute par la voie de la conscription. Les soldats qui en ont les moyens peuvent se faire remplacer dans le service militaire.

Quant au mode de recrutement, à la taille et aux autres conditions exigées pour les militaires, l'artillerie vient immédiatement après les cuirassiers. La plus petite taille requise pour cette arme est de 5′ 6″ de Prusse. Les cuirassiers ne comportant que la $\frac{1}{34}$ partie du recrutement total de l'armée, il devient naturel que l'artillerie ne laisse rien à désirer sous le rapport de la taille, de la beauté et des forces de son personnel : aussi tous les hommes qui le composent sont presque généralement de la même taille. La durée du service dans toute l'armée française est fixée à 8 ans. Les réengagements sont assez rares.

CHAPITRE VI.

Avancement.

Tout soldat peut devenir officier s'il possède les connaissances nécessaires. Il est rare toutefois que les sous-officiers acquièrent dans les régiments les connaissances exigées pour l'examen si difficile des officiers : presque tous les officiers d'artillerie sont tirés de l'Ecole Polytechnique (1).

Nous parlerons dans le chapitre premier de la 3e partie des avancements, qui ne peuvent s'obtenir que par suite d'un examen spécial. Nous y traiterons également des écoles préparatoires et de leur organisation.

(1) Les sous-officiers ont droit au tiers des places de sous-lieutenant qui viennent à vaquer. Ce nombre est même quelquefois dépassé en leur faveur.
(Note du traducteur.)

TROISIÈME PARTIE.

INSTRUCTION PRATIQUE ET TACTIQUE.

CHAPITRE PREMIER.

Ecoles et établissements

D'ARTILLERIE.

ÉCOLES ET ÉTABLISSEMENTS ACTUELLEMENT EXISTANTS.

L'instruction de l'artillerie est depuis de longues années fort avancée en France : les établissements créés pour cet objet et subsistant encore aujourd'hui, sont ;

L'Ecole Polytechnique : Elle enseigne généralement toutes les connaissances qui sont nécessaires au service des travaux publics de l'Etat; les sciences mathématiques et physiques font le principal objet de l'enseignement.

L'École d'Application d'artillerie et de génie à Metz; elle reçoit comme sous-lieutenants les élèves sortant de l'Ecole Polytechnique.

Dix *Écoles régimentaires* d'artillerie à Metz, Strasbourg, Toulouse, Douai, Lyon, Bourges, Besançon, Rennes, La Fère et Vincennes ; les trois premières sont des écoles réunies de deux régiments d'artillerie et sont appelées *grandes écoles*.

Une *École de pyrotechnie*; elle a été fondée en 1824 pour remplacer une compagnie d'artificiers formés pour l'enseignement de la pyrotechnie.

ÉCOLE POLYTECHNIQUE.

Lorsque la révolution française éclata il existait six écoles pour les services publics, civils ou militaires :

L'école d'artillerie de Douay, fondée en 1679, remplacée en 1720 par des écoles régimentaires, rétablie à La Fère en 1756, transférée en 1766 à Bapeaume, abolie en 1772, remplacée en 1779 par 6 élèves dans chacune des sept écoles régimentaires d'artillerie ; rétablie en 1790 à Châlons-sur-Marne, par décret de la Convention nationale.

L'école des ingénieurs fondée à Mézières en 1748 et transférée à Metz en 1794.

L'école des ponts-et-chaussés fondée en 1747.

L'école des élèves-ingénieurs, pour la marine, au Louvre à Paris.

L'école des mines fondée peu d'années avant la révolution.

L'école des ingénieurs géographes, au ministère de la guerre.

La révolution française priva la plupart de ces écoles

de leurs meilleurs élèves. L'école de construction des ponts-et-chaussées se trouva dans le même cas que les autres; son directeur, Lamblardie, conçut le premier l'idée d'une école préparatoire pour tous les ingénieurs, dénomination sous laquelle les Français comprennent tous ceux qui dirigent les travaux publics. Protégé par Monge, Carnot et Prieur-Duvernais, Lamblardie réussit à fonder, sous la date du 28 septembre 1794, une école centrale des travaux publics à Paris. L'artillerie ne fut pas d'abord comprise dans cette école, mais cette omission fut réparée l'année suivante.

Le 1er septembre 1795 la Convention nationale réorganisa cette école sous le nom d'École Polytechnique. Plus tard elle subit plusieurs autres réformes. En 1805 elle reçut une organisation militaire et fut placée sous les ordres du ministère de la guerre. On sait que l'École Polytecnique coopéra en 1814 et 1815 à la défense de Paris. En 1814 elle fut formée en 3 compagnies d'artillerie, et défendit la barrière du Trône avec 28 bouches à feu. En 1815 elle fut également organisée militairement. En 1816 des désordres eurent lieu dans l'intérieur de l'école; elle fut dissoute; réorganisée de nouveau, peu de temps après, elle fut placée sous les ordres du ministre de la guerre et du ministre de l'intérieur et perdit son organisation militaire. La révolution de 1830 la trouva dans cet état. Une nouvelle organisation qui a eu lieu en novembre de la même année, replaça l'École Polytechnique sous le commandement du ministre de la guerre et lui restitua la constitution militaire qu'elle possédait précédemment. L'organisation de 1831 introduisit peu de changements. En 1832, lors des troubles survenus à l'occasion du convoi du général Lamarque et auxquels prirent part plusieurs élèves de l'École Polytechnique, elle fut dissoute de nouveau et reçut le 30 octobre 1832, l'organisation qu'elle a encore aujourd'hui.

Le nombre des élèves formés à cette école depuis sa fondation jusqu'en 1827 est de 4,442, parmi lesquels on compte beaucoup d'hommes les plus distinguées de la France.

Pour être reçus à l'École Polytechnique, les élèves ont à subir un examen qui, en 1832, avait lieu en 37 villes. Les conditions exigées pour la réception des élèves consistant dans les connaissances suivantes :

Arithmétique y compris les logarithmes ;

Géométrie comprenant triangles sphériques ;

Algèbre jusqu'aux équations élevées ;

Trigonométrie rectiligne ;

Statique appliquée à l'équilibre des machines simples ;

La géométrie analytique comprenant la discussion des sections coniques ;

La traduction latine des auteurs de rhétorique ;

Une composition française ;

Une écriture lisible, une orthographe correcte ;

Dessin géométral et dessin de l'académie ombrée ;

La pension annuelle payée par les élèves est de 1,000 francs.

L'ordonnance du 30 octobre 1832 porte que :

1°. L'École Polytechnique forme des élèves pour l'artillerie de terre et de mer ;

Le génie militaire et maritime ;

La marine et l'hydrographie ;

Les ponts-et-chaussées ;

Les mines ;

La direction des poudres et salpêtres ;

Le corps royal d'état-major, partie de géodésie.

Elle est placée sous les ordres du ministre de la guerre.

2°. L'état-major de l'établissement se compose de :

1 général, commandant de l'École ;

1 commandant en second ; l'un et l'autre doivent être d'anciens élèves de l'Ecole Polytechnique ;

4 capitaines, inspecteur des études ; ils commandent les élèves quand ils sont sous les armes ;

1 capitaine instructeur des exercices militaires ;

4 adjudants.

3°. 4 examinateurs pour la réception de l'École, sont nommés tous les ans. Il y a 2 examinateurs permanents pour l'examen exigé quand on passe à la 2ᵉ année d'études, ou quand on quitte l'établissement pour entrer dans les services publics, et deux examinateurs temporaires ; ces 2 derniers sont également nommés tous les ans.

4° Le personnel des professeurs consiste en :

1 Directeur des études sous les ordres duquel se trouvent tous les détails de l'instruction ;

2 professeurs d'analyse et de mécanique ;

1 professeur de géométrie descriptive ;

1 professeur de physique ;

2 professeurs de chimie ;

1 professeur de géodésie, de topographie, de machines et d'arithmétique sociale ;

1 professeur d'architecture ;

1 professeur de composition française ;

1 professeur de langue allemande ;

1 professeur de langue anglaise ;

4 professeurs de paysages ;

1 professeur de dessin topographique ;

12 répétiteurs.

5° Le personnel d'administration est composé de :

1 administrateur ;

1 archiviste caissier ;

1 bibliothécaire ;

1 médecin-chirurgien ;

1 aide-chirurgien ;

1 garde général du matériel ;

3 conservateurs des différentes collections.

6°. L'admission à l'École n'a lieu qu'après un examen public passé dans une des principales villes du royaume désignées à cet effet. Une commission spéciale nommée à Paris, prononce ensuite sur l'admission des candidats, desquels on exige une attestation de leurs parents par laquelle ces derniers s'engagent à payer annuellement 1,000 fr. de pension et 750 fr. de frais d'habillements. Il y a 24 bourses gratuites dont quelques-unes peuvent être converties en demi-bourses.

De ces 24 bourses :

8 sont à la nomination du ministère du commerce et des travaux publics ;

4 à celle du ministère de la marine ;

Et 12 à celle du ministre de la guerre.

7°. La durée des études est fixée à 2 années, il est rare qu'on accorde une prolongation d'une année.

8°. L'École est composé de :

Un conseil d'instruction ;

Un conseil de perfectionnement ; c'est lui qui propose toutes les améliorations tant sous le rapport des études que sous celui de la police ;

Un conseil de discipline : il statue sur toutes les contraventions qui pourront entraîner l'expulsion des élèves ou la perte de la bourse ou de la demi-bourse ;

Un conseil d'administration.

Le commandant en chef, le commandant en second et le directeur des études, sont membres de tous les conseils ; ils sont présidés par le commandant en chef.

9°. L'organisation de l'Ecole Polytechnique est purement militaire. Les élèves sont casernés et portent l'uniforme. Ils sont divisés en 4 compagnies et sont instruits dans les manœuvres deux fois par semaine. Chaque compagnie a un tambour ; il n'y a qu'un seul armurier pour tous les élèves.

Les chefs de salle d'étude sont choisis parmi les premiers élèves, dans l'ordre du concours ; l'élève qui est élevé à ce grade, reçoit le titre de sergent ou de sergent-major, et en porte les galons.

Les peines disciplinaires sont :

La réprimande simple ;

Les arrêts ;

La réprimande publique ;

La mise à l'ordre de l'École ;

La prison dans l'établissement ;

La prison militaire ;

L'expulsion de l'École qui replace l'élève sous la loi du recrutement.

Un règlement particulier détermine les peines à infliger. L'expulsion de l'École est soumise à l'approbation du ministre de la guerre.

10°. A la fin de la première 1re année les élèves sont soumis à un examen pour savoir s'ils peuvent être admis à suivre les cours de 2° année; ceux de la seconde année sont examinés pour juger s'ils ont les capacités requises pour les services publics. Ils sont classés suivant leurs connaissances et leur conduite. Il faut des circonstances toutes particulières pour être admis à redoubler une année d'étude.

11°. Les appointements sont fort élevés. Le général commandant en chef reçoit 6,000 francs en sus du traitement d'activité de son grade. Chacun des autres officiers reçoit le tiers en sus de son traitement comme haute-paie. Le directeur des études a 10,000 francs, chacun des examinateurs 2,000, 3,000 et 6,000 francs; les professeurs des sciences mathématiques touchent 5,000, les professeurs de langues 3,000, les professeurs de dessin 1,500 à 2,000 francs, l'administrateur 6,000 francs, etc.

12°. Sont tenus de demeurer dans l'établissement, savoir : les deux commandants de l'École, le directeur des études, les inspecteurs des études, le capitaine-instructeur, les adjudants, l'administrateur, l'archiviste, le bibliothécaire, les médecins, les gardes.

ÉCOLE D'APPLICATION D'ARTILLERIE ET DE GÉNIE
DE METZ.

Elle fut créée en 1802 à Metz et formée des débris de l'école du génie, fondée à Mézières en 1748, et de l'école d'artillerie de Châlons-sur-Marne.

1. Les élèves qui ont subi le dernier examen à l'Ecole Polytechnique et qui se destinent à l'artillerie ou au génie entrent à l'école d'application des deux armes réunies à Metz. Le ministre de la guerre fixe le nombre des élèves à admettre annuellement dans l'un et l'autre de ces corps.

2. L'état-major de l'école est composé de :

1 maréchal-de-camp,

1 colonel ou lieutenant-colonel, commandant en second et directeur des études;

1 chef d'escadron d'artillerie;

1 chef de bataillon du génie.

5 capitaines d'artillerie;

3 capitaines du génie.

1 médecin en chef.

Le commandant en chef est nommé par le roi; il est pris à tour de rôle dans le corps de l'artillerie et dans le corps du génie; le commandant en second est pris dans l'arme dont le commandant en second ne fait pas partie. Le commandant en chef a sous ses ordres toutes les branches du service et de l'instruction, le commandant en second est chargé de la direction spéciale des études. Les autres officiers dirigent les exercices pratiques, surveillent toutes les branches du service et la discipline des élèves.

Les professeurs chargés de l'instruction, sont :

1 professeur pour l'enseignement des mathématiques appliquées à l'artillerie et aux constructions militaires ;

1 professeur de mécanique appliquée ;

1 professeur de fortifications permanentes et pour l'attaque et la défense des places fortes ;

1 adjoint pour la même science ;

1 professeur d'art militaire et de fortification de campagne ;

1 professeur d'architecture civile et militaire ;

1 professeur de géodésie et de topographie ;

1 professeur de dessin ;

1 professeur de physique et de chimie appliquées aux sciences militaires ;

1 professeur de langue allemande ;

1 professeur d'équitation et de l'art vétérinaire ;

1 adjoint pour les mêmes parties.

De plus un officier d'artillerie enseigne la nomenclature et la construction du matériel de l'artillerie.

Les employés se composent de :

1 bibliothécaire archiviste ;

1 trésorier ;

1 mécanicien et son adjoint ;

2 gardes : un d'artillerie, un du génie.

3°. Les bâtiments de l'établissement doivent contenir :

Le logement du commandant en chef et du commandant en second, celui du bibliothécaire et du trésorier ; de la place suffisante pour 150 élèves, pour une infirmerie et des salles de bains ; une bibliothèque, 1 cabinet d'observations géodésiques, 1 cabinet de physique, 1 laboratoire de chimie ; des cabinets d'histoire naturelle, une salle de modèles, une lithographie, des salles de travail, d'expérience et de con-struction ; des salles d'exercice, un manège, des magasins et des parcs, une collection d'armes, des voitures de toute espèce. Quant aux exercices pratiques de l'école d'application ils se font dans le polygone de l'école d'artillerie.

1°. Les élèves de l'École Polytechnique admis à l'École d'Application doivent être rendus au plus tard le 28 janvier. Ils sont répartis en 2 divisions dont la première comprend les élèves qui y ont déjà passé une année, la seconde ceux nouvellement admis. En entrant dans l'établissement ils reçoivent le grade de sous-lieutenant dont ils portent l'uniforme.

5°. L'instruction pour chaque arme est divisée en instruction générale et en instruction spéciale.

L'instruction général comprend :

L'art militaire, la fortification de campagne, la castramitation et la construction des ponts militaire ;

La théorie des machines ;

La physique et la chimie appliquées aux arts militaires ;

L'architecture civile et militaire ;

Un cours sur la poussée des terres, la poussée des voûtes et la résistance des matériaux ;

La balistique ;

Le cours et la 1re partie du projet de fortification permanente ; l'attaque et défense des places fortes ;

Géodésie, topographie et dessin ;

Langue allemande ;

Exercices et manœuvres de l'infanterie, de la cavalerie et de l'artillerie, et exercices pratiques de l'artillerie et du génie ;

Equitation et art vétérinaire.

L'instruction spéciale de l'artillerie consiste en :

Nomenclature raisonnée et levers du matériel de l'artillerie ;

Cours sur les différentes branches du service de l'artillerie ;

Théorie de la construction des bouches à feu et voitures.

L'instruction spéciale du génie comprend :

Deuxième partie du projet de fortification permanente ;

Projets d'amélioration d'une place de guerre ;

Le complément des mines.

Les programmes sont arrêtés par le ministre de la guerre sur l'avis d'une commission mixte des deux armes.

La durée quotidienne de l'instruction est au moins de 6 heures, non compris le temps des exercices et manœuvres.

Un conseil d'instruction composé du commandant en chef président, du commandant en second directeur des études, du chef d'escadron de l'artillerie, du chef de bataillon du génie et de 3 professeurs, dirige toutes les parties de l'instruction, règle la répartition des fonds et dresse à la fin de chaque année une liste de classement provisoire des élèves.

6°. Uniforme. Tous les élèves portent l'uniforme d'officiers. Ils sont sans armes ni épaulettes pendant toute la durée des différents exercices. Tous les officiers de l'état-major de l'école peuvent infliger les arrêts ; la prison et la salle de police ne peuvent l'être que par les deux commandants. L'expulsion d'un élève de l'établissement est ordonnée par le roi sur la proposition du ministre de la guerre, après avoir pris l'avis du comité de l'arme à laquelle appartiendra l'élève qui sera entendu dans sa défense.

7° Examen. Une commission composée de 1 lieutenant-général, 2 maréchaux-de-camp, 2 officiers d'état-major de l'artillerie et du génie et d'un examinateur civil pour les sciences physiques et mathématiques, examine tous les ans les élèves destinés à sortir de l'établissement. Aucun officier attaché à l'école ne peut être membre de cette commission.

La commission détermine d'après les résultats de l'examen le rang que les élèves occuperont dans l'armée. Les élèves qui n'ont pas encore fini leurs travaux, mais qui montraient toutefois à leur examen des connaissances suffisantes, sont classés sous la condition de fournir, dans le délai de trois mois, le complément de leurs travaux. La permission de rester une troisième année dans l'établissement n'est accordée qu'à ceux des élèves que des maladies ou d'autres motifs excusables ont empêché de suivre régulièrement leurs études. Les élèves qui, après avoir trois ans de séjour dans l'établissement, ne possèdent pas des connaissances suffisantes, ne peuvent être admis comme officiers dans les corps de l'artillerie ou de génie.

Le gouvernement accorde quatre années de service comme officiers, aux élèves qui, en entrant à l'école d'application, se destinent à l'arme de l'artillerie ou du génie, de sorte qu'à leur sortie de l'établissement ils ont six années de service qui leur sont comptés pour la fixation de leur pension de retraite ou pour le concours de la décoration militaire.

8°. Administration. Le conseil d'administration est chargé de toutes les affaires d'administration; il est présidé par le commandant en second.

Tous les officiers de l'établissement reçoivent, outre leur

traitement, le tiers en sus pour supplément de solde. Les professeurs des sciences touchent 4,000 francs, les adjoints 2,400 francs, le professeur de langue allemande 2,000 francs. Le professeur d'équitation reçoit le traitement d'un capitaine d'artillerie, son adjoint celui d'un lieutenant.

Après 10 années, les professeurs civils et leurs adjoints reçoivent un cinquième en sus pour supplément de traitement.

Après 15 années un tiers; après 20 années moitié.

Les officiers professeurs reçoivent des suppléments de solde de manière à élever leur traitement au niveau de celui des professeurs civils.

Les élèves ont une solde annuelle de 1,300 francs.

9°. Le service militaire et la garde intérieure de l'établissement, sont faits par les régiments d'artillerie et du génie en garnison à Metz, qui fournissent également le nombre d'hommes nécessaires pour les exercices de l'école.

Tous les changements opérés dans le matériel ou dans le service des deux armes sont aussitôt transmis à l'école par le ministre de la guerre.

ÉCOLES D'ARTILLERIE RÉGIMENTAIRES.

Dans chaque ville de garnison d'artillerie il y a une école dans laquelle on enseigne le tir et le service d'artillerie proprement dit.

1°. État-major de l'école :

1 maréchal-de-camp;

1 lieutenant-colonel, adjoint;

1 professeur des sciences appliquées à l'artillerie;

1 répétiteur des sciences;

1 professeur de fortification, de dessin et d'architecture;

1 maître artificier.

Des capitaines d'artillerie sont chargés dans chaque école des autres parties de l'instruction.

Un capitaine est chargé de la direction du parc de l'école; il a deux lieutenants adjoints sous ses ordres.

Dans les écoles de la garnison où se trouve un bataillon des pontonniers (Strasbourg et Lyon), un capitaine-directeur de l'équipage de pont, est chargé de l'instruction du bataillon avec un lieutenant pour adjoint.

Toute l'artillerie et tout son matériel, ainsi que les établissements d'artillerie de la garnison, sont sous les ordres du maréchal-de-camp, commandant l'école; tous les ordres sont transmis aux troupes par son intermédiaire.

2°. *Local.* Il y a pour chaque école un bâtiment appelé *l'Hôtel de l'École*; il renferme les salles d'instruction pour les officiers et sous-officiers, les salles de dessin, une bibliothèque, un dépôt des cartes, un cabinet des modèles, machines et instruments, un cabinet de physique et un laboratoire de chimie.

Le polygone doit avoir au moins 1,200 mètres de longueur et 600 mètres de largeur. Il est enclos et planté dans ses contours d'arbres dont les branchages servent à faire des fascines. Un parc d'artillerie est attaché à chaque école, ainsi qu'une portion d'équipage de ponts.

3° *Administration.* Le conseil d'administration est présidé par le commandant de l'école.

4° *L'instruction* de l'artillerie est théorique et pratique. L'instruction théorique se donne ordinairement dans le semestre d'hiver, qui commence le 1er octobre et finit au 1er avril. Le semestre d'été est employé de préférence à l'instruction pratique; il commence au 1er avril et finit au 1er octobre.

L'instruction de chaque école se divise en instruction générale sous la direction du chef de l'école, et en instruction de détails. Cette dernière se donne isolément aux subdivisions de troupe; elle est dans les régiments d'artillerie sous la surveillance spéciale du lieutenant-colonel, et sous celle du capitaine-major dans les escadrons du train des parcs d'artillerie. Toutes les parties de l'instruction sont déterminées et précisées pour chaque instructeur, qui, indépendamment de l'enseignement qui lui est spécialement dévolu, est aussi chargé de la répétition de l'instruction pour les grades inférieurs. Avec le grade de lieutenant l'instruction finit pour l'officier d'artillerie. Si les lieutenants n'ont pas antérieurement fréquenté les écoles théoriques, ils ne peuvent assister au cours destiné aux officiers venant de ces écoles qu'après avoir passé un examen, de sorte qu'il y a pour les lieutenants deux classes : une supérieure et une inférieure.

Tout artilleur, de quelque grade qu'il soit, qui justifie être suffisamment instruit, est dispensé des instructions spéciales de son grade, et peut suivre l'instruction assignée au grade immédiatement supérieur. Les lieutenants dispensés ainsi de l'instruction théorique ont à présenter un travail annuel. Tout sous-officier ou officier qui ne peut suivre l'instruction théorique en obtient la dispense et est employé de préférence au service pratique. Sa négligence dans l'instruction est punie.

Deux fois par mois pendant le semestre d'hiver, les capitaines d'artillerie se réunissent en conférence. Le commandant de l'école soumet , à cet effet , aux capitaines des propositions qui sont ensuite discutées dans ces conférences. La même chose a lieu pour les mémoires présentés au commandant de l'école et ayant le service pour objet, ou bien pour ceux adressés au général commandant par le ministre de la guerre sur des sujets à soumettre à la discussion.

L'instruction théorique a lieu, autant qu'il est possible, dans les bâtiments de l'école; l'instruction pratique, ou détail, au contraire, se fait dans un endroit choisi, à proximité des casernes; on construit, à cet effet, des batteries d'instruction. Les polygones sont destinés aux grands exercices pratiques, au tir des bouches à feu et au tir à la cible des armes portatives. Des prix d'encouragement sont distribués annuellement dans les régiments d'artillerie, ainsi que dans les escadrons du train des parcs et dans les bataillons de pontonniers. Quand les exercices se font de nuit, les artilleurs reçoivent un supplément de paie, qui est de 50 centimes pour un canonnier, et de 75 centimes pour un caporal.

5° L'instruction théorique exige la répartition des officiers, sous-officiers, etc., en autant de classes qu'elle demande d'années, de sorte que chaque classe se compose de :

1. Ceux dont l'instruction est déjà avancée;

2. Ceux qui n'avaient pas fréquenté le cours de l'année précédente ;

3. Ceux qui, tout en fréquentant le dernier cours, n'ont, toutefois, pas acquis les connaissances nécessaires ;

4. Ceux des grades inférieurs, qui sont destinés à l'avancement.

pour les lieutenants :

1. L'instruction pratique, ou du détail, se borne à des questions sur les règlements; elle est confiée à un capitaine dans chaque régiment d'artillerie et dans les bataillons de pontonniers; elle a lieu dans chaque escadron du train des parcs par deux capitaines, tant pour le service de la cavalerie que pour le service du train; l'un de ces capitaines est en même temps chargé de l'instruction dans la connaissance des chevaux;

2° L'instruction générale, indépendamment de celle enseignée par les professeurs, a lieu dans chaque école par trois capitaines, dont l'un donne des conférences sur le service de campagne, de l'artillerie, sur le service de siége, des places fortes et des côtes, et sur la construction des batteries; le second est chargé de la théorie de la fabrication de la poudre et du salpêtre, ainsi que des fonderies; le troisième, enfin, ne s'occupe que du service des forges et des manufactures d'armes.

Un capitaine, le plus souvent pris dans ceux qui ont fait partie des pontonniers, donne l'instruction sur le passage des fleuves et la construction des ponts. Un officier, ou un professeur, tient des conférences sur la connaissance des chevaux. Un major dirige l'instruction théorique, et surveille l'administration intérieure du corps.

Le professeur des sciences pratiques enseigne la balistique et la mécanique, appliquées à la construction des bouches à feu, des voitures et des machines de l'artillerie. Le répétiteur instruit sur la statique ceux des officiers qui n'ont pas étudié à l'École d'Application; il leur apprend également la fortification, la géométrie descriptive, l'architecture, la réception et le dessin des bâtiments et des machines.

On n'enseigne qu'une science à la fois. Ce n'est que lorsqu'un cours est terminé, que l'on passe à un autre. Les conférences se tiennent trois fois par semaine ; chacune d'elles dure tout au plus cinq quarts d'heure. A la fin de chaque jour, ou au moins de chaque semaine, une répétition a lieu qui, dans ce dernier cas, ne peut durer au-delà de trois quarts d'heure. Les lieutenants qui n'ont pas fréquenté l'Ecole d'Application sont tenus de s'occuper, deux fois par semaine, pendant deux heures, des travaux qui font l'objet de leur instruction. Un capitaine assiste aux cours donnés par les professeurs.

L'instruction des sous-officiers et soldats, dans chaque régiment d'artillerie et dans les bataillons des pontonniers, a lieu par :

1 lieutenant et 4 sous-officiers pour la lecture, l'écriture et la grammaire française, d'après la méthode de l'enseignement mutuel ;

1 lieutenant, assisté de trois sous-officiers, pour l'arithmétique et la géométrie élémentaire ;

1 lieutenant et 5 sous-officiers pour les éléments de la fortification et dans le service de l'artillerie ; pour les pontonniers, cet enseignement se borne au service des pontons.

Dans les escadrons du train des parcs, le même enseignement a lieu suivant la même méthode par :

1 lieutenant, et par un vétérinaire pour la connaissance des chevaux ;

2 lieutenants, chacun assisté de 2 sous-officiers, dont l'un enseigne le service de la cavalerie, et l'autre le train.

Tout ce qui a été dit plus haut sur la répartition en classes, etc., des officiers, a lieu pour le classement des sous-officiers et soldats.

L'instruction des recrues se fait tous les jours dans les compagnies.

Les soldats, gardes des munitions et ouvriers des compagnies, reçoivent une instruction de neuf heures par semaine, dans l'écriture et la lecture, dans l'arithmétique, sur les articles de guerre et l'armement. Une instruction de dix heures par semaine est donnée aux artificiers, caporaux, brigadiers et fourriers, dans la lecture et l'écriture, dans le calcul, sur le service de chaque grade; sur le service de l'armée et principalement dans l'exercice.

Les sergents, maréchaux-de-logis et fourriers, ont dix heures d'instruction par semaine, sur les devoirs dans l'accomplissement du service de leurs grades respectifs, sur la grammaire, sur le pointage des bouches à feu, la confection des fascines et des artifices de guerre, et sur la ferrure des chevaux.

L'instruction des sergents-majors, des maréchaux-de-logis-chefs et adjudants, n'est que de huit heures par semaine; elle comprend les devoirs de leurs grades, le calcul, la géométrie, le dessin et la fortification.

ÉCOLE DE PYROTECHNIE.

L'état-major de l'Ecole se compose de 1 chef d'escadron d'artillerie, 1 capitaine, 2 lieutenants et 4 chefs artificiers.

Chaque régiment y envoie 2 hommes; d'autres jeunes officiers peuvent également y être admis. La durée des cours est de deux ans. Les officiers reçoivent, pour supplément de solde, un tiers en sus de leur traitement; le supplément de solde des soldats est le même que celui des compagnies d'ouvriers. L'École de Pyrotechnie est dirigée par un conseil d'administration.

L'instruction théorique consiste dans l'écriture et le calcul, dans la pyrotechnie et dans la chimie. L'instruction pratique comprend les manipulations pyrotechniques; un élève de première année est toujours adjoint à un élève de seconde année. Une demi-journée par semaine est employée aux exercices d'infanterie et d'artillerie. Une fois par mois, ils prennent part aux exercices du tir de l'École régimentaire.

Les travaux pratiques consistent en : confection des cartouches d'infanterie et d'artillerie, vérification des projectiles, cartouches à boulet et boîtes à balles, chargement des caissons à munitions, manipulation des munitions avariées, décomposition de la poudre, confection des artifices de guerre, chargement des projectiles creux, confection des fascines goudronnées, des flambeaux, des pots à feu, des boulets incendiaires, des carcasses, des pétards, des fusées de signaux, des fusées incendiaires, et enfin des feux d'artifice.

CHAPITRE II.

—

Exercices et manœuvres.

BRANCHES DES EXERCICES DE L'ARTILLERIE.

Tous les canonniers à pied sont exercés au service des bouches à feu de toute espèce et de tous calibres, aux manœuvres de force et aux travaux de réparation. Le service des ponts militaires ne regarde que les bataillons des pontonniers, et la connaissance n'en est exigée que des officiers d'artillerie seulement (1).

FORMATION DES BATTERIES A PIED.

La formation des canonniers à pied repose généralement sur les mêmes principes que celle de l'infanterie. De même que le règlement de l'infanterie répartit celle-ci en école du soldat, du peloton et du bataillon, le règlement de l'artillerie divise celle-ci en école du canonnier, de section et de batterie. Une

---

(1) Tous les régiments d'artillerie sont exercés à jeter des ponts de sorte que les canonniers peuvent, au besoin, suppléer les pontonniers.

(*Note du traducteur.*)

seule bouche à feu forme la plus petite subdivision ; deux bouches à feu font une section, sous le commandement d'un officier, et six bouches à feu une batterie, sous le commandement d'un capitaine. Deux batteries forment une division, commandée par un chef d'escadron, et six ou sept divisions font un régiment. Le règlement indiqué dans les *sources*, n° 5, donne l'instruction pour la formation de l'artillerie à pied et à cheval, dans tous les cas où elle sort sans bouches à feu, ainsi qu'un aperçu instructif de la première leçon du canonnier monté.

Le règlement se divise en deux parties : la première comprend l'instruction pour les canonniers à pied, la seconde celle pour les canonniers à cheval, et une instruction sur la conduite des voitures.

INSTRUCTION A PIED, A CHEVAL, ET CONDUITE DES VOITURES.

La première partie se subdivise elle-même en :

I. *Bases générales de l'instruction.* Cette subdivison contient les sonneries, au nombre de 56, pour le service en garnison.

II. *Bases particulières de l'instruction,* comprenant la manière de plier les effets et de les placer dans le sac, la manière de rouler l'habit et la capote, et la manière de démonter le mousqueton.

III. *Ecole du canonnier à pied, en 4 leçons,* contenant la position et les mouvements du canonnier, la marche, le maniement du mousqueton et du sabre.

IV. *Ecole du peloton à pied.* Elle comprend l'alignement et les différentes marches d'un peloton, le maniement des armes et le tir à la cible.

V. *Ecole de l'escadron à pied*, divisée en bases générales et en 2 articles. Les premières comprennent l'ordre en bataille de l'escadron de manœuvre, ordre en colonne par quatre, ordre en colonne par peloton, et ordre en colonne par divisions. Le premier article comprend l'instruction pour rompre l'escadron, parades, mouvements de marches en pelotons et divisions, et la marche oblique. Le second article comprend l'instruction pour rompre l'escadron par des changements de directions et par des conversions à pivot fixe et à pivot mouvant.

VI. *Evolutions du régiment de manœuvre, à pied.* Les évotions du régiment sont :

1° Passer de l'ordre en bataille à l'ordre en colonne ;

2° Marcher en colonne;

3° Passer de l'ordre en colonne à l'ordre en bataille ;

4° Marcher en bataille.

Cette première partie du règlement contient enfin quelques instructions sur les alignements et sur la surveillance à exercer par les adjudants-majors dans les manœuvres.

La seconde partie du règlement, l'instruction à cheval, est subdivisée en deux divisions principales, savoir : 1° l'instruction pour monter à cheval, pour seller, pour le traitement des chevaux en général; 2° l'instruction pour le harnachement des chevaux et pour la conduite des voitures.

La première subdivision comprend :

I. La manière de seller et desseller, la manière de paqueter les effets, et la méthode pour dresser les jeunes chevaux.

II. L'école du canonnier à cheval, en 4 leçons.

Première leçon. Amener son cheval sur le terrain; positions du canonnier et du cheval; monter à cheval; usage des rênes et des jambes; marcher; arrêter; reculer; à droite, à gauche; demi-tour à droite, demi-tour à gauche; quart d'à droite, quart d'à gauche; mettre pied à terre.

Deuxième leçon, sur des chevaux sellés et en bridon, sans étriers. On réunit de douze à seize canonniers, et on les place sur deux rangs, à six pas de distance, les chevaux à un mètre l'un de l'autre. Marcher; arrêter; marcher au pas; marcher au trot; changements de main; croiser les rênes alternativement dans les deux mains, et les séparer en marchant; changement de direction dans la largeur du manège; changement de direction dans la longueur du manège; changements de direction diagonal, oblique, circulaire. Monter à cheval avec étriers; marcher au trot; marchant au trot, arrêter; passer du petit trot au grand trot, et du grand trot au petit trot.

Troisième leçon. Les chevaux sont sellés et bridés. On se conforme du reste à ce qui est prescrit pour la deuxième leçon. Elle comprend de plus l'instruction pour serrer et lâcher les rênes de la bride.

Quatrième leçon. Maniement des armes; travail au galop sur des lignes droites et en cercle.

III. Ecole du peloton à cheval.

Première leçon. Alignement des rangs; ouvrir et serrer les rangs; rompre le peloton par un; rompre le peloton par deux ; doubler par deux et par quatre ; changements de direction ; marche oblique ; maniement des armes.

Deuxième leçon. Ruptures et doublements ; conversions à pivot mouvant ; marche en bataille ; marche oblique, tir à la cible.

IV. Ecole de l'escadron à cheval.

Les mouvements sont exécutés d'après les mêmes bases et dans la même formation que les mouvements pour l'école de l'escadron à pied (1).

V. Evolutions du régiment de manœuvre à cheval.

Dans les cas fort rares où il faut faire manœuvrer plusieurs batteries à cheval, on se conforme entièrement à ce qui a été dit pour les évolutions du régiment de manœuvre à pied.

VI. Formation pour l'inspection du régiment.

DEUXIÈME SUBDIVISION.

Instruction sur la conduite des voitures.

I. Nomenclature du harnais ; harnacher et déharnacher.

II. Amener les sous-verges sur le terrain et monter à cheval (les exercices sont les mêmes que pour l'école du canonnier à cheval ; atteler et former en bataille.

III. Rompre par un ; aller au pas ; aller au trot ; changement de direction dans la longueur du manège ; demi-tour en marchant (fig. 46).

IV. Demi-tour. Le demi-tour d'une voiture a pour objet de l'établir sur la même place qu'elle occupait avant son mou-

---

(1) Le Réglement ne fait pas mention de demi-tours.

vement, mais dans une direction opposée (la tête des chevaux où était le derrière de la voiture, et réciproquement). Dans l'exécution de ce mouvement, les roues de l'avant-train tracent une boucle qui embrasse sept mètres. Au commandement : *Pièces demi-tour à gauche, marche*, les conducteurs font obliquer de suite tous les chevaux à droite; celui du devant se porte immédiatement de 7 mètres à droite, fait tourner ses chevaux en avançant jusqu'à 15 mètres de leur point de départ, et revient en dépassant de trois mètres à gauche la direction primitive. Monter à cheval, et mettre pied à terre en marchant; partir au trot et arrêter; reculer; reculer à droite, reculer à gauche (pour les passages difficiles); atteler et dételer sans commandement; rompre en colonne; marche en colonne.

V. Alignement; marche en ligne de bataille; marche oblique; conversions dans lesquelles la voiture décrit un arc de cercle de 17 mètres de diamètre, tandis que l'aile opposée conserve son allure; soins qu'exigent les chevaux; maladies des chevaux et remèdes.

VI. Instruction sur l'entretien du harnachement.

VII. Mesures à prendre pour franchir un mauvais pas.

VIII. Passage des ponts militaires.

MANŒUVRE DES PIÈCES.

Rapport numérique des canonniers servants pour les différents calibres.

Le service des bouches à feu est, à quelques légères modifications près, le même pour tous les calibres. En général, toute bouche à feu est servie par 9 hommes, dont un se trouve au caisson de première ligne. Le nombre des servants est le même dans l'artillerie à cheval ; mais il y a de plus deux hommes pour garder les chevaux. Les canons de 12, d'après le système Gribeauval, étaient servis par 12 hommes ; ceux de 8 et les obusiers l'étaient par 10 hommes.

Répartition des canonniers servants. (*Fig.* 47, 48, 49.)

Les canonniers servants ne sont pas désignés par des chiffres qui se suivent ; les canonniers qui se trouvent en regard des deux côtés de la pièce portent le même numéro, et ne sont distingués l'un de l'autre que par le côté de la pièce.

Lorsque les canonniers servants d'une bouche à feu sont disposés sur deux rangs, le premier rang renferme les numéros du côté gauche, et le second rang ceux du côté droit. Le chef de file de droite du premier rang est le premier servant de gauche ; celui qui est derrière lui est le premier servant de droite. Immédiatement après eux, sont les numéros 2, du côté droit et du côté gauche ; viennent ensuite le pointeur et le pointeur servant, et, enfin, les numéros 3 du côté droit et du côté gauche. Pour se rendre à leurs postes près de la pièce, les hommes, sur le commandement de : *Par file à gauche, à vos postes, marche,* se dirigent vers la pièce et se placent à droite et à gauche de cette dernière, de telle sorte que les deux numéros 1 se trouvent placés à la hauteur de la bouche de la pièce, les deux numéros 2 à la hauteur de l'essieu de l'affût, les deux pointeurs à la hauteur du bouton de culasse, et les deux numéros 5 à la hauteur de l'essieu de l'avant-train. Au commandement de *Front,* les canonniers font face en tête, et s'alignent à la distance de 1 pied et demi des roues de la pièce. Dans l'artillerie à cheval, les deux hommes garde-chevaux se tiennent au milieu derrière les pièces.

Fonctions des canonniers servants, et répartition des armements.

Le numéro 1 de droite écouvillonne et refoule ; il tient l'écouvillon. Le numéro 1 de gauche introduit la charge, et aide au numéro 1 de droite à écouvillonner et à refouler ; il n'a point d'armement.

Le numéro 2 de droite met le feu ; il porte le boute-feu, le porte-lances et l'étui à lances. Pendant le feu, il tient le porte-lances à la main, et fiche le boute-feu dans la terre, derrière lui. Le numéro 2 de gauche remet au numéro 1 de gauche les munitions ; il est muni d'un sac à charge.

Le pointeur donne l'élévation voulue, pointe, met l'étoupille, et commande : *Feu !* Il est muni du sac à étoupille et du dégorgeoir. Le pointeur-servant donne la direction latérale au moyen du levier directeur.

Le numéro 3 de droite se place à l'avant-train, et délivre les munitions ; il n'a aucun armement.

Le numéro 3 de gauche remet au numéro 2 de gauche les munitions qu'il va chercher à l'avant-train. Le pointeur, les numéros 2 et 3 de droite et le numéro 2 de gauche ne quittent jamais leurs armements.

Le neuvième canonnier est au caisson de la première ligne, où il délivre les munitions ; il est *artificier*.

Mettre et ôter l'avant-train, et placer des servants à la pièce.

Dans l'artillerie française le règlement ne permet pas de mettre l'avant-train en avançant : cette manœuvre s'exécute en faisant tourner et reculer l'avant-train (1).

Oter l'avant-train.

Au commandement de : *En batterie !* le caisson s'arrête. La bouche à feu s'avance à 33 pas, fait demi-tour (ainsi qu'il est prescrit au numéro IV ci-dessus : *Instruction sur la conduite des voitures*), et se trouve ainsi à la place qu'elle doit occu-

---

(1) Le nouveau règlement, toutefois, dans une observation, page 10, donne l'instruction suivante pour mettre l'avant-train en avançant : « Lors-
» que le terrain le permettra, et que ce sera jugé utile à la manœuvre, on
» pourra amener l'avant-train en avant de la bouche à feu que l'on fera
» tourner à bras sur son affût séparé, pour la remettre sur l'avant-train.
» Dans ce cas, on commandera *avant-train, en avant !* et l'avant-train
» fera son mouvement en laissant la bouche à feu à sa gauche ; l'affût fera
» son demi-tour à bras, du côté opposé à celui où passe l'avant-train. »

per, l'essieu de l'affût étant à 35 pas en avant des chevaux de devant du caisson.

Si les canonniers se trouvent sur le caisson, les 6 hommes qui la montent en descendent, pendant que la pièce exécute le demi-tour, et courent en avant. Les 3 hommes qui sont sur l'avant-train d'affût en descendent également dès que la pièce s'est arrêtée ; alors on ôte l'avant-train, ce qui s'exécute ainsi qu'il suit : le pointeur et son servant se portent à la crosse d'affût ; le premier retire la chevillette du crochet cheville-ouvrière, puis tous deux saisissent les poignées et soulèvent l'affût pour le dégager. L'anneau-lunette étant sorti du crochet cheville-ouvrière, l'avant-train, sur le commandement du pointeur, fait un demi-tour et se place en face de l'ennemi. La tête des chevaux de devant est à 8 pas (6 mètres) de distance de l'extrémité postérieure du levier de pointage, qui se trouve placé dans les anneaux de crosse.

Si les canonniers ne sont pas montés sur le caisson, ils suivent la pièce au commandement : *En batterie !* jusqu'à ce qu'elle ait avancé 35 pas. Alors ils s'arrêtent, et se portent ensuite à leurs postes, après l'exécution du demi-tour. La pièce ayant fait son mouvement et se trouvant à la place qu'elle doit occuper, le numéro 1 de droite, aidé du numéro 2 du même côté, saisit l'écouvillon ; le numéro de gauche dégage le levier de manœuvre et le donne au pointeur-servant, qui le fixe dans les anneaux de pointage, où il reste pendant toute la durée du feu.

Position des servants près de la pièce séparée de son avant-
train. (Fig. 50.)

Les positions des servants près de la pièce, séparée de son avant-train, sont les mêmes pour le numéro 1 et 2 de gauche, pour le numéro 1 de droite et le pointeur, que celles qu'ils occupent quand la pièce est réunie à son avant-train. Le numéro 2 de droite est en face du pointeur, le pointeur-servant est à hauteur du levier de pointage ; les deux numéros 3 à hauteur du coffre de l'avant-train ; tous font face à l'ennemi. Le conducteur de la pièce reste ordinairement à cheval, et s'arrête à la droite derrière le pointeur, en face du milieu du levier de pointage. Pendant le feu, il descend de cheval et le remet entre les mains du conducteur de derrière de l'avant-train. Les garde-chevaux de l'artillerie à cheval se tiennent à un mètre derrière l'avant-train. Chacun d'eux a trois chevaux à tenir.

Remettre l'avant-train. (Fig. 1.)

I. Pour avancer :

Le chef de la batterie commande :

1. *Amenez les avant-trains !*

2. *En avant en bataille !*

3. *Pièces demi-tour à gauche, caissons en avant !*

4. *Marche !*

5. *Batterie en avant !*

Au premier commandement, l'avant-train s'avance à droite

vers la crosse, fait un demi-tour à gauche, après quoi on remet l'avant-train ainsi qu'il suit :

Le numéro 1 de droite, aidé du numéro 2 du même côté, attache l'écouvillon ; le pointeur-servant ôte le levier de pointage et le remet au numéro 2 de droite, qui l'attache à l'affût ; le pointeur et le pointeur-servant saisissent les poignées de la crosse, et les soulèvent, les deux numéros 2 saisissent les roues, tandis que les deux numéros 1 poussent à l'affût ; et tous ensemble l'amènent sous l'avant-train.

II. Pour se retirer :

Au commandement : *Amenez les avant-trains !* l'avant-train exécute les mêmes mouvements que pour avancer et le caisson fait un demi-tour à gauche.

Cela étant exécuté, toute la ligne se met en retraite, et les canonniers servants montent sur les coffres au commandement qui leur est fait.

Dans l'artillerie à cheval.

Il est de règle que les canonniers servants se rendent toujours à cheval à la place que les garde-chevaux occupent dans la batterie entre les avant-trains et les caissons, et y mettent pied à terre pour de là courir à leurs pièces. Aussitôt que la pièce est réunie à l'avant-train, les canonniers servants se portent à leurs chevaux et se mettent en selle.

Pour mettre pied à terre ou monter à cheval, les canonniers ne se portent ni en avant ni en arrière ; mais ils ouvrent un peu les rangs.

Usage de la prolonge.

Voici ce que dit à ce sujet le règlement, 8e leçon, page 66 : la manœuvre pour attacher l'affût à la prolonge s'exécute au commandement de : *Otez les avant-trains. — Déployez la prolonge !* Aussitôt que la pièce est décrochée, l'avant-train s'avance 4 à 5 pas et la crosse de l'affût est posée à terre; puis le pointeur-servant saisit le crochet de la prolonge, l'engage dans l'anneau-lunette de la crosse de dessus en dessous et fixe ensuite le levier dans les anneaux de pointage. Après avoir entièrement déployé la prolonge, le pointeur remet l'anneau de prolonge au n° 3 de gauche, qui l'accroche à la cheville ouvrière et met la chevillette; ensuite l'avant-train se porte en avant pour tendre la prolonge, et tous les numéros prennent leurs places à côté de la pièce.

Le règlement dit encore : lorsque la pièce est attachée à la prolonge, on fait le commandement de : *Ployez la prolonge ! Amenez les avant-trains !* Aussitôt le n° 3 prend l'anneau de la prolonge qui se trouve dans la cheville ouvrière et le remet au pointeur; après que le n° 3 de droite a dégagé le crochet de l'anneau-lunette, le pointeur accroche l'anneau dans l'un des crochets supports de prolonge, passe le cordage autour des crochets et fiche enfin le crochet en fer au milieu. Après cela a lieu la même manœuvre que pour mettre l'avant-train.

Monter et descendre pour les canonniers à pied. (Fig. 52.)

Pour parcourir de grandes distances au trot, les servants de l'artillerie à pied montent sur l'avant-train d'affût, sur l'avant-train et sur le premier coffret de l'arrière-train du caisson. Trois hommes sont assis sur chaque coffret dans l'ordre suivant :

	SUR L'AVANT-TRAIN de L'AFFUT.	SUR L'AVANT-TRAIN. du CAISSON.	SUR L'ARRIÈRE-TRAIN du CAISSON.
à droite	le pointeur	le n. 1 de droite	le n. 2 de droite
au milieu	n. 3 de droite	l'artificier	le n. 3 de gauche.
à gauche	le pointeur-servant	le n. 1 de gauche	le n. 2 de gauche

Ils montent le plus rapidement possible, sans qu'il soit assigné de moyen ni précisé d'époque pour chacun d'eux.

Les coffrets n'ayant que 56″ de Prusse de largeur, les servants sont fort serrés, et n'auraient pas même assez de place s'ils ne déposaient leurs havresacs qui sont fixés sur le coffret postérieur du caisson.

Remplacement des hommes mis hors de combat.

Le règlement porte à cet égard ce qui suit :

Pour remplacer les hommes mis hors de combat on prend d'abord les numéros qui ne sont pas indispensablement nécessaires au service des pièces : par conséquent les deux numéros 5 ; s'il n'y a plus que 6 numéros le remplacement se fait de la manière suivante :

Le premier homme mis hors de combat est remplacé par le n° 2 de droite dont le pointeur-servant remplit les fonctions en même temps que les siennes.

Le deuxième homme mis hors de combat est remplacé par le n° 1 de gauche dont le n° 2 de gauche fait le service en même temps que le sien.

Le troisième homme mis hors de combat est remplacé par le pointeur qui cumule les fonctions du pointeur servant ; dans ces circonstances le n° 1 de droite, après avoir écouvillonné et refoulé, porte l'écouvillon sur l'épaule gauche, saisit le porte-lance et fait feu.

Si tous les numéros de droite sont mis hors de combat, le n° 1 de gauche remplace le n° 1 de droite et fait feu ; le n° 2 de gauche remplit les fonctions du n° 1 du même côté et va chercher les munitions.

Le pointeur remplit en même temps les fonctions du pointeur-servant.

Si au contraire tous les numéros de gauche sont mis hors de combat, alors le n° 2 de droite remplace le n° 3 de gauche, et le pointeur-servant fait les fonctions du pointeur.

MANŒUVRES ET ÉVOLUTIONS DES BATTERIES ATTELÉES.

Le chapitre premier de la seconde partie fait connaître la composition des batteries de campagne.

La batterie de campagne se divise en deux parties. La première se compose de 6 bouches à feu et de 6 caissons de première ligne ; l'autre se compose des autres voitures de la batterie au nombre de 14 pour l'artillerie à cheval et 18 pour l'artillerie à pied.

La batterie de manœuvre est commandée par le chef de batterie, les autres voitures par le capitaine en second. La batterie de manœuvre se subdivise aussi en 2 demi-batteries composées chacune de 3 bouches à feu et de 3 caissons, qui alors sont commandées par les deux lieutenants, ou en trois sections composées chacune de deux bouches à feu et de deux caissons, et désignées par les noms de section de droite, commandée par le premier lieutenant ; de section de gauche, commandée par le second lieutenant ; et de section du centre, commandée par un adjudant. Le maréchal-des-logis-chef surveille la première ligne des caissons.

Les maréchaux-des-logis marchent près et à gauche du canonnier conducteur de sa pièce ; les brigadiers près et à gauche du canonnier conducteur des caissons.

Dans les batteries à pied, l'intervalle entre les files est de 12 mètres ; la distance entre toutes les voitures est de 1 mètre.

Les canonniers sont rangés des deux côtés de leurs bouches

à feu, à leurs postes (fig. 49.) (Voyez aussi *Répartition des canonniers servants.*)

Dans les batteries à cheval, l'intervalle entre les voitures est de 15 mètres. Les canonniers sont disposés sur deux rangs, derrière leurs bouches à feu. La distance entre la tête des chevaux du premier rang et la bouche de la pièce, comme entre le derrière des chevaux du deuxième rang, et les chevaux du devant des caissons est de un mètre. Lorsque les caissons sont en tête, les chevaux du devant des pièces sont à la distance de un mètre de la ligne des caissons. Bien que pour les batteries à cheval il ne fût pas nécessaire de baser les mouvements de la batterie sur deux lignes, puisque les caissons ne sont pas destinés au transport des servants, on le fait néanmoins, parce qu'autrement il eût fallu former une partie séparée des caissons de première ligne, ce qui les eût laissé exposés au feu, ou bien les laisser avec la partie en réserve, ce qui eût rendu difficile l'approvisionneur des pièces en munitions.

Lorsque l'on manœuvre sans caissons et que la batterie est formée en colonne, les sections conservent entre elles une distance de 15 mètres. Les intervalles prescrits ne sont pas modifiés dans le cas où l'on manœuvre avec des voitures attelées de moins de 6 chevaux.

La profondeur d'une pièce ou d'un caisson attelés de 6 chevaux est de 13 mètres.

La profondeur d'une ligne en batterie, soit à pied, soit à cheval, est de 44 mètres.

Celle d'une ligne en bataille est, pour l'artillerie à cheval, de 33 mètres, pour l'artillerie à pied de 27 mètres.

La manœuvre avec les batteries ainsi formées, devient difficile, non-seulement à cause de la ligne des caissons qui suit immédiatement, mais encore parce qu'on n'ôte jamais l'avant-train en avançant. Les nombreux doublements de voitures à travers la ligne des pièces, ou les demi-tours, joints aux évolutions si [fréquentes dans la manœuvre, d'ôter et de mettre l'avant-train, contribuent beaucoup à fatiguer inutilement les chevaux.

Le nouveau réglement de 1836, dans son exposé, contient les bases fondamentales que la commission d'artillerie (1), chargée de rédiger le projet de réglement, a suivie dans ce travail. Nous ne pouvons mieux faire qu'en transcrivant ici ces bases, dont la lecture donnera une idée exacte et caractéristique de l'état où se trouve en France cette partie de la tactique de l'artillerie.

Nous donnons ici un extrait des dispositions principales du réglement :

« 1° La batterie de manœuvre se subdivise en trois sections, composées chacune des deux bouches à feu et de deux caissons. Les colonnes et les mouvements par pièce et par demi-batteries sont rejetés des manœuvres. Ces derniers sont employés seulement pour le feu en avançant et pour le feu en retraite;

Par pièce, la batterie a trop d'étendue, ses mouvements sont trop lents, ses formations embrassent trop d'espace. Par demi-batterie, un des chefs de sections se trouve annulé; l'or-

---

(1) Cette commission était composée de M. le lieutenant-général baron Digeon, président; de M. le lieutenant-général baron Doguereau, et du chef-d'escadron Pérignon.

dre en colonne avec distance disparaît, ou il faut en admettre deux, celui avec distance et celui en colonne serrée, ce qui introduirait une complication inutile. Enfin, l'ordre en colonne par sections devait en tous cas subsister : il suffit ; la commission a pensé qu'il était convenable de l'adopter seul.

« 2° Chaque pièce et son caisson forment un seul système et sont maintenus sans cesse dans une relation déterminée. La distance entre toutes les voitures réunies avec leur avant-train est toujours de un mètre.

3° Dans les trois ordres *en colonne, en bataille et en batterie*, il n'est tenu aucun compte des inversions ; les formations les plus simples et les plus promptes sont toujours exclusivement adoptées.

« Ce principe s'étend à toutes les pièces d'une seule batterie dans les manœuvres comme aux batteries elles-mêmes dans les évolutions. Ces batteries réunies sont en conséquence assimilées aux pièces d'une seule batterie, et tous les mouvements à exécuter reposent sur ce principe. Cette méthode est simple, elle ne reçoit aucune exception et ne présente aucune difficulté.

« 4° Le doublement de voiture est employé comme élément des manœuvres ; il est indispensable dans les formations en batterie ; il donne de grandes facilités dans toutes les formations lorsqu'il est exécuté à propos à titre de mouvement préparatoire. Il s'exécute à la même allure et en doublant l'allure, suivant les principes des exercices à cheval ;

« 5° Une contre-marche (1) nouvelle, simple et rapide, conduit aux résultats de ce mouvement d'une manière précise, sans confusion et avec économie de temps, de terrain et de commandement.

« 6° Les conversions par pièce se font à pivot mouvant ; le cheval de devant décrit un arc de cercle de 5 mètres (3 ^{m}, 25 de rayon) et reprend alors la marche directe. Les chevaux du milieu et de derrière suivent la piste des chevaux de devant.

« 7° Il n'y a qu'une seule espèce de conversion, celle à pivot mouvant. Lorsque la conversion se fait sur le front d'une section, la voiture-pivot décrit un arc de cercle de 5 mètres. Si elle a lieu sur le front d'une batterie, la voiture-pivot décrit un arc de cercle de 20 mètres (rayon 13 ^{m}.). Si la conversion se commande de pied ferme, la voiture-pivot prend le pas ; si elle se commande en marche, la voiture-pivot conserve son allure ; les autres voitures règlent la leur d'après celle de la voiture-pivot. Deux systèmes de conversion n'auraient produit qu'une complication sans résultats réels. Une précision mathématique est impossible autant qu'elle est d'ailleurs inutile avec des voitures attelées de 6 chevaux et assujetties à des relations marquées par des espaces vides. L'essentiel était de

---

(1) Cette contre-marche a pour objet de faire faire demi-tour à la pièce et à son caisson en même temps. Si c'est la pièce qui est en tête, elle fait, suivie de son caisson, un demi-tour de la manière décrite à l'article *Instruction à pied, à cheval et conduite des voitures* (page   ), puis se porte à la place qu'occupait celle du second rang. Celle-ci, suivant la trace de la voiture du premier rang, fait demi-tour sur le même terrain qu'elle, et prend ainsi sa place.

suffire à toutes les manœuvres et de les exécuter avec rapidité sans fatiguer inutilement les chevaux. Une seule conversion remplit ces conditions.

» 8° La direction de la colonne se prend toujours vers l'une des deux ailes.

« 9° Les commandements prennent souvent une forme exigée par la nature de l'arme. Le commandement d'avertissement : *garde-à-vous !* sans être supprimé, n'est plus indiqué qu'au commencement de chaque exercice. Il est cependant laissé à la disposition du capitaine de le répéter aussi souvent qu'il le jugera nécessaire pour fixer l'attention.

« 10° Les sonneries sont peu nombreuses. Il ne serait pas possible de les multiplier sans tomber dans la confusion. Elles sont au nombre de huit, savoir : 1° se mettre en marche, 2° halte, 3° au trot, 4° au pas, 5° à cheval, 6° monter sur les coffrets, 7° cesser le feu, 8° en batterie.

« 11° Les canonniers ne doivent monter sur les coffrets que pour manœuvrer au trot ou pour faire promptement un trajet à proximité de l'ennemi. Dans toutes les autres circonstances il leur est sévèrement défendu de monter sur ces coffrets. »

Telles sont les bases principales sur lesquelles est établi le réglement qui se subdivise ensuite en :

1° Notions préliminaires ;

2° Art. 1er. Déparquer, marcher en colonne et former le parc ;

3° Art. 2. Passer de l'ordre en colonne à l'ordre en bataille et réciproquement ;

4° Art. 3. Marcher en bataille ;

5° Art. 4. Formations en batterie ;

6° Art. 5. Exécution des feux, changement de front en batterie, passage de défilé;

7° Appendice. Dispositions pour les parades et pour défiler.

CHAPITRE III.

—

Manœuvres de force

DES

BOUCHES A FEU DE BATAILLE.

———

Dans l'artillerie de campagne, les manœuvres de force consistent à changer une roue, descendre une pièce de son affût, monter une pièce sur son affût et transporter une pièce sous l'avant-train.

Toutes ces manœuvres sont prescrites par le règlement ; les différentes fonctions sont réparties entre les servants ; les exercices se font sur commandements de la même manière que les exercices de la manœuvre de batterie. Les manœuvres pour les bouches à feu de gros calibre ne pouvant être exécutées par les seuls servants de la pièce, on leur en adjoint 2 autres, qui, en campagne, sont pris parmi les conducteurs.

Les quatre manœuvres indiquées ci-dessus sont exécutées de la manière suivante :

1.º *Changer une roue.* Lever la vis de pointage de toute sa hauteur. Soulever l'affût à l'aide de deux leviers, l'un engagé dans l'âme de la pièce et l'autre mis en croix sous le premier. 5 hommes soutiennent ces deux leviers, tandis que 3 hommes sortent la roue; l'un de ces derniers engage son pied sur la roue et saisit des deux mains les rais pour empêcher, comme le dit le réglement, la roue de glisser. Pour les pièces de gros calibre, on prend encore 2 conducteurs qui appuient sur le devant et le derrière de l'essieu et aident ainsi à le soulever.

2° *Descendre et monter une pièce sur son affût.* Pour descendre la pièce, 2 hommes appuient sur la volée, 4 hommes soulèvent la crosse, deux hommes dégagent les susbandes, élèvent la vis de pointage de toute sa hauteur et dressent la pièce à terre sur sa bouche. La pièce étant retirée de son encastrement, l'affût se porte en arrière et on fait tomber la pièce de manière que les anses soient tournées par en haut. Pour les bouches à feu de gros calibre on creuse un trou dans la terre pour recevoir la pièce; 4 hommes sont employés pour faire descendre la volée.

Pour monter la pièce sur son affût: mettre un levier en croix sous le premier renfort et un autre sous le bouton. Appliquer 2 hommes au premier, 4 au second, 2 aux anses, le sous-officier appuie son pied contre la bouche pour l'empêcher de glisser. Dresser la pièce sur la bouche, la faire soutenir par 4 hommes. Amener l'affût, lever la crosse et mettre la pièce en place.

Dans cette manœuvre, de même que pour celle de descendre la pièce de son affût, il faut faire un trou en terre pour recevoir la bouche des pièces de gros calibre, 8 hommes y compris, 2 conducteurs sont employés à cette manœuvre. Le reste de la

manœuvre pour monter la pièce sur son affut, est le même
que celui indiqué pour les bouches à feu de moindre calibré.

3º *Transporter une pièce sous l'avant-train.* La pièce étant
à terre, les anses en haut, placer l'avant-train de manière que
le crochet cheville-ouvrière soit au dessus des anses, la culasse
tournée vers le timon, lever le timon, soulever la volée de
la pièce, brêler les anses au crochet avec la prolonge en la
passant deux fois par la maille dans les anses et dans le crochet;
et, coiffant le crochet avec la maille, brêler la culasse à la
fourchette avec le bout de prolonge restant.

CHAPITRE IV.

Manœuvres de l'artillerie

AGISSANT DE CONCERT AVEC D'AUTRES TROUPES.

Il n'existe point de dispositions particulières à cet égard. Voici comment s'exprime à ce sujet le nouveau réglement :

« Quant à l'application des manœuvres et des évolutions des batteries attelées aux évolutions de ligne, c'est-à-dire aux manœuvres en grand de troupes d'armes différentes, la commision a pensé qu'il était inutile d'entreprendre de la prévoir. Chaque arme possède un code des manœuvres qui lui est propre ; il ne l'étend point aux mouvements généraux des troupes qui lui sont étrangères. Le moyen le plus sûr, le seul peut-être pour un officier d'artillerie, de bien conduire sa batterie en pareil cas, est de connaître les manœuvres de l'infanterie et celle de la cavalerie, et de juger promptement le commandement de l'officier-général et la position qui en résulte pour l'artillerie. Pour porter les batteries au point qu'elles doivent occuper, la configuration du terrain à parcourir, la marche des troupes d'infanterie et de cavalerie en mouvement font varier à chaque instant l'ordre de chaque batterie, sa direction, son allure même. Rien ne peut se préjuger à ce sujet.

CHAPITRE V.

Ordre de campement

DE L'ARTILLERIE.

(*Fig.* 53.)

Les tables insérées dans l'*Aide-Mémoire*, qui donnent la nomenclature des armements, outils, approvisionnements et rechanges d'une batterie ne font aucune mention des cordages et des piquets nécessaires au campement. L'*Aide Mémoire* donne une instruction pour le placement du camp d'une batterie entre celui de deux brigades d'infanterie, et il y dit que les bivouacs sont établis suivant ce même tracé. D'après cette instruction, les canonniers sont sur la même ligne des autres troupes; derrière les cuisines se trouvent les baraques des sous-officiers et officiers. Les pièces et caissons sont parqués sur cinq files les unes derrière les autres. Les pièces sont sur la premières file, les caissons sur la seconde, la troisième et la quatrième files, et la dernière file est occupée par les affûts de rechange, les charriots de batterie et les forges. Aux deux côtés du parc bivouaquent les conducteurs et les chevaux forment de chaque côté un rang d'écuries.

QUATRIÈME PARTIE.

MANŒUVRES DES BOUCHES A FEU DE BATAILLE.

CHAPITRE PREMIER.

Tir des canons.

TIR A BOULETS.

Nous avons déjà fait connaître, au chapitre deuxième de la première partie, que la charge des canons de campagne de l'artillerie française est fixée au tiers du poids du boulet.

Pour donner une idée de l'état du tir des bouches à feu dans l'artillerie française, nous croyons ne pouvoir mieux faire que de renvoyer nos lecteurs à la table n° 12 de l'*Aide-Mémoire portatif*, page 46, et de donner ici la *Note sur le pointage*, que renferme l'*Instruction* sur le service des bouches à feu, page 82 à 88.

Note sur le pointage.

« Pointer une pièce, c'est la diriger et l'incliner de manière que le projectile aille frapper le but qu'on veut atteindre.

« Diriger une pièce, c'est la placer de manière que l'œil du

pointeur, les points les plus élevés de la culasse et du bourrelet, soient avec le but sur la même ligne droite, qu'on appelle *ligne de mire naturelle*.

« L'axe de la pièce est une ligne droite qu'on imagine passer par le milieu de l'âme, dans toute sa longueur, ou la ligne
droite que suivrait le centre du boulet, s'il n'y avait pas de
vent ou de vide entre le boulet et les parois de la pièce ; cette
ligne droite prolongée indéfiniment s'appelle *ligne de l'axe*.

« Dans les canons, le diamètre de la plate-bande étant
plus grande que celui du renflement de la volée, la ligne
de mire est inclinée sur la ligne de l'axe, et la rencontre en
avant de la bouche.

« Le boulet est lancé hors de la pièce dans la direction de
l'axe ; mais comme il tend, par son poids, à se rapprocher de
la terre, en même temps qu'il est poussé en avant par la force
de la poudre, il est à chaque instant écarté de la ligne de
l'axe, et finit par toucher à terre. La ligne courbe qu'il suit
dans ce trajet se nomme *ligne de tir*, ou *trajectoire ;* elle se
confond un moment avec la ligne de l'axe, passe avec elle au
dessus de la ligne de mire, à peu de distance de la pièce ; mais
s'inclinant à chaque instant vers la terre, elle vient la couper
de nouveau pour se retrouver au-dessous. Le point où la ligne
de tir rencontre, pour la seconde fois, la ligne de mire, se
nomme *but en blanc*, et la distance au canon, *portée du but en
blanc*.

« L'expérience a appris qu'avec la charge de guerre, la
poudre ayant la portée de réception, les portées de but en
blanc, lorsque la ligne de mire naturelle est sensiblement
horizontale, sont de :

« Pièce de 12. . . . . 270 toises.

« Pièce de 8. 260

« De ce qui précède, se déduit la règle suivante :

« *Pour pointer une pièce de but en blanc, le pointeur dirige la pièce en faisant rendre la crosse convenablement, et lui donne l'inclinaison au moyen de la vis de pointage, de manière que la ligne de mire aboutisse au but.*

« Si, l'objet à abattre étant plus éloigné que le but en blanc, la pièce restait pointée de la même manière, le boulet arrivant toujours au même point de la ligne de mire passerait ensuite au-dessous de cette ligne, et par conséquent au-dessous du but ; pour qu'il puisse l'atteindre, il faut élever la ligne de tir, ce qui éloigne le point où elle va rencontrer la ligne de mire : on y parvient en élevant la volée de la pièce ; mais alors la ligne de mire continuant à passer par le but et le point le plus élevé du bourrelet, laisse la culasse au-dessous d'elle. Pour mesurer cet abaissement de la culasse, et en même temps suppléer au point fixe que la ligne de mire trouvait sur la culasse, on emploie la *hausse*, ainsi nommée parce qu'elle sert à relever la ligne de mire.

« De là résulte la règle suivante :

« *Pour pointer sur un objet situé au-delà du but en blanc, le pointeur dispose d'abord la pièce comme pour le but en blanc, place la hausse au nombre de lignes indiqué par le chef de la pièce, et baisse la culasse jusqu'à ce que, visant par la partie supérieure de la hausse et par le point le plus élevé du bourrelet, son œil rencontre de nouveau le but.*

« Le chef de pièce indiquera deux lignes de hausse pour chaque 50 mètres au-delà du but en blanc.

« Lorsque le point à battre est plus près de la pièce que le but en blanc, si l'on pointait avec la ligne de mire naturelle (celle donnée par le canon sans employer la hausse), le boulet passerait au-dessus du but; pour qu'on puisse l'atteindre, il est donc nécessaire de pointer en dirigeant la ligne de mire au-dessous du point à battre.

« L'expérience indique qu'il faut :

« *Pour chaque vingt toises en deçà du but en blanc, pointer un pied en dessous du point à battre, jusqu'à la moitié de la distance du but en blanc, où l'on pointera le plus bas possible; et, à partir de cette moitié, diminuer d'un pied l'abaissement, à mesure que le but se rapproche de vingt toises de la bouche de la pièce.* »

Vient ensuite la note sur le pointage lorsque, par suite de la pente du terrain, les roues sont inégalement élevées : elle ne contient rien de particulier.

Pour ce qui regarde le tir à mitraille et à obus, nous en parlerons à l'article *Tir des obusiers*.

Si l'on compare la règle indiquée dans cette note pour le placement de la hausse, et qui dit que le chef de pièce indiquera deux lignes de hausse pour chaque 50 mètres au-delà du but en blanc; si on la compare, dis-je, avec les indications données par le Tableau n° 12, on trouvera peu de concordance. Ce Tableau ne correspond avec la note que pour le canon de 12, à la distance de 700, 800 et 1,200 mètres, et pour le canon de 8, à la distance de 700 et 1,000 mètres.

La hausse de la pièce ne suffit déjà plus pour prendre l'élévation à la distance de 900 mètres, dans le cas où l'on voudrait prendre cette élévation, conformément au tableau. En suivant l'indication de la note, on pourra faire usage de la hausse jusqu'à la distance de 950 mètres pour le canon de 12, et à la distance de 850 mètres pour le canon de 8.

Ce que nous avons dit ne se rapporte uniquement qu'aux indications données par l'*Aide-Mémoire portatif à l'usage des officiers d'Artillerie*; Strasbourg, 1831; et par l'*Instruction provisoire sur le service des bouches à feu de bataille*; *Paris*, 1833. L'*Aide-Mémoire de* 1856, outre les tables de tir que nous donnons sous numéros 13 et 14, contient encore, page 328, une table de correspondance entre les angles de tir et les hausses. De plus, à la page 327, la portée de but en blanc des canons de 12, est de 526 mètres, et l'angle de mire naturel de 58' 23"; pour le canon de 8, la portée de but en blanc est de 506 mètres, et l'angle de mire naturel de 58' 44".

Si l'on considère ensuite les hausses ou quantités dont la ligne de mire doit s'abaisser au-dessous du but aux différentes distances indiquées par le Tableau numéro 13, hausses qui sont le résultat d'épreuves faites en 1833 à Metz, La Fère et Vincennes, on trouvera également que les hausses ne correspondent que pour les distances jusqu'à 800 mètres avec la note sur le pointage, où il est dit que le chef de pointage indiquera quatre lignes de hausse pour chaque 100 mètres au-delà du but en blanc.

La vitesse moyenne du tir est de un coup par minute. Le recul, très variable, est compris entre les limites de 1, 50^m à 10^m, suivant la nature du terrain.

On admet généralement que, pour le tir à boulet roulant, il faut augmenter la hausse de 0, 005^m.

On n'a pas trouvé de moyen pour donner une direction horizontale à la pièce.

2ᵉ TIR A BALLES.

Nous avons fait connaître, première partie, chapitre septième, article Munitions, et Tableau n° 2, le poids des balles, ainsi que la charge de poudre employée pour le tir. Le tableau n° 14 indique les hausses ou quantités dont la ligne de mire doit s'abaisser aux distances de 200 à 600 mètres, et le nombre moyen par coup des balles qui ont frappé le panneau.

La note sur le pointage, contenue dans l'*Instruction* sur le service des bouches à feu, indique pour règle que, dans le tir à mitraille, on doit beaucoup augmenter la hausse pour porter le plus grand nombre de balles sur le front à battre.

L'*Aide-Mémoire* de 1836 donne l'instruction suivante sur le tir à balles :

« Sur un terrain solide, uni et sans ressaut, le tir à balles peut être employé jusqu'à la distance de 650 mètres. En faisant varier la hausse de chaque bouche à feu depuis 0 jusqu'à 0, 068ᵐ, on a constamment une portée totale de 750 mètres, au moyen des ricochets plus ou moins nombreux. Ainsi, une colonne peut être atteinte, par le tir à balles, sur une profondeur égale à 750 mètres, moins la distance de la tête de la colonne à la batterie. — A 700 mètres, quelques balles ont percé des panneaux en sapin de 0, 054ᵐ d'épaisseur. — En général, il convient de ne pas ouvrir le feu à balles à une distance plus grande que 400 à 500 mètres. »

CHAPITRE II.

Tir d'obusiers.

1° TIR DES OBUSIERS DE CAMPAGNE.

Au premier chapitre de la première partie, nous avons fait connaître la construction des obusiers, nouveau système de l'artillerie française. Nous avons vu également qu'on y emploie deux espèces de charges, une grande et une petite : la première est égale au 1|7, l'autre au 1|14 du poids de l'obus. Les obus sont garnis de leurs fusées dès avant le départ; toutes ces fusées ont une même longueur calculée pour la plus grande durée de la trajectoire. L'affût permet une élévation de 13 degrés.

L'introduction des obusiers longs, dans l'artillerie de campagne, ayant eu pour but d'égaliser les effets de percussion du feu du calibre réunis dans une batterie, il est surprenant de voir une si grande disproportion entre les grandes charges d'obusiers emmenées en campagne, et la totalité des projectiles et surtout la quantité des obus. L'obusier de 6" est approvisionné de 58 coups, dont 16 seulement de grande charge, par conséquent le quart seulement de la totalité des coups. Si ensuite l'on déduit de la totalité des coups, le nombre des boîtes à balles qui forment les 5|8 des grandes charges, il ne reste, pour les 52 obus restants, que seulement un cinquième de grandes charges, de sorte qu'il faudra employer la petite charge pour le plus grand nombre des obus.

La vitesse initiale qu'on obtient avec cette charge est de beaucoup trop petite d'un côté, pour pouvoir comparer son effet avec celui obtenu avec une charge complète par le canon de 12 ou par l'obusier; et d'un autre côté, elle est trop forte pour pouvoir s'en servir à une distance plus rapprochée.

Comme on peut admettre que ce n'est que sous l'angle de 12 à 15 degrés d'élévation que les obus restent à terre à leur premier bond, on pourrait conclure que les obus de l'artillerie française sont loin d'obtenir cet effet, si nous en croyons le tableau que nous avons sous les yeux.

D'après le tableau n° 12, la plus grande élévation, à la distance de 1,200 mètres, est de 9" 2'" pour l'obusier de 6", petite charge; elle est de 11" 6'", à la même distance pour l'obusier de 24. Le tableau n° 13 donne, à la même distance, des élévations encore moindres. Cette élévation est de 6" 6'" pour l'obusier de 6", petite charge; et de 5" pour l'obusier de 24, grande charge.

On voit, par ce que nous avons dit, que l'obus ne restera jamais à terre à son premier bond; que les fusées n'étant pas réglées sur la durée de la trajectoire, les effets explosifs des obus sont livrés, dans tous les cas, aux seules chances du hasard; enfin, que les effets de l'obus, comme boulet plein, sont encore de beaucoup inférieurs à ceux du boulet de canon.

De tout ce que nous venons de dire, il résulte qu'en France, on n'est pas encore parvenu à établir une règle positive et certaine sur l'emploi de cette bouche à feu : ce que nous apprennent également les lignes suivantes, extraites de la note sur le pointage, déjà citée, relative au tir des obusiers.

« Les obusiers de 6 pouces et de 24 (nouveau modèle), ont un but en blanc analogue à celui des canons : ils ont été soumis à des épreuves, par suite desquelles on en adopte de grandes et de petites charges pour chaque calibre ; mais le tir de cette bouche à feu n'est pas encore assez connu pour qu'on puisse établir des règles certaines sur la hausse qu'il convient de donner selon les distances (1).

Le tir des obusiers, tant par le grand nombre de balles qu'il projette, que par le poids de ces mêmes balles, doit être d'un effet extrêmement meurtrier.

2° TIR DES OBUSIERS DE MONTAGNE.

Le tableau n° 15 indique les élévations pour la seule charge de l'obusier de montagne. Cette charge est égale à 117 du poids de l'obus ; elle est la même pour le tir à obus et pour le tir à balles.

L'*Aide-Mémoire de* 1836 indique pour règle pratique, dans l'emploi de cette bouche à feu en bataille, qu'il faut donner 0,005ᵐ de hausse pour 250 mètres, augmenter la hausse, pour chaque 50 mètres au-delà, de 0, 005ᵐ jusqu'à 450 mètres,

---

(1) Nous avons pris nous-même des renseignements auprès des officiers français, sur le tir de ces obusiers (nouveau modèle). Il est certain que ce n'est que dans l'été de 1835 qu'on a établi une règle certaine sur l'emploi de la hausse pour l'obusier de 24, et qu'à la même époque, on a commencé à s'occuper de celle qu'il convient de donner à l'obusier de 6 pouces.

et de 0, 010ᵐ jusqu'à la plus forte distance. Le but en blanc est placé vers 250 mètres.

La portée totale s'étend jusqu'à 1100 et 1200 mètres, par 3 ou 4 ricochets, dont le premier a lieu à 6 ou 700 mètres de la bouche à feu, et en conservant assez de justesse pour atteindre des troupes.

Le recul, sans l'enrayure, va souvent jusqu'à 11 mètres ; avec l'enrayure, il ne dépasse pas ordinairement 4 mètres.

TABLEAU n. 12. — Table de tir des bouches à feu de campagne et de montagne de l'artillerie française. (*Aide-mémoire de 1831, pag. 46.*)

DÉSIGNATION des BOUCHES A FEU.	CHARGE EN KILOGR.	300 m. po.	300 m. l.	400 m. po.	400 m. l.	500 m. po.	500 m. l.	600 m. po.	600 m. l.	700 m. po.	700 m. l.	800 m. po.	800 m. l.	900 m. po.	900 m. l.	1000 m. po.	1000 m. l.	1100 m. po.	1100 m. l.	1200 m. po.	1200 m. l.
Canon de 12.........	1,958	»	»	»	»	Mire.		»	3	»	7	»	11	1	7	1	9	2	»	2	4
» de 8.........	1,223	»	»	Mire.		»	1	»	4	»	8	»	11	1	7	1	11	2	5	2	7
Obusier de 6'' g. charg.	1,5	Mire.		»	5	»	11	1	5	1	10	2	6	3	1	3	8	4	5	5	1
Obusier de 6'' p. charg.	0,75	»	8	1	4	2	2	3	»	3	10	4	10	5	10	6	10	8	»	9	2
Obusier de 24 g. charg.	1,0	Mire.		»	5	»	10	1	4	1	11	2	6	3	3	3	11	4	8	5	5
Obusier de 24 p. charg.	0,5	»	»	1	10	2	8	3	8	4	9	5	10	7	3	8	6	9	11	11	6
de 12.........	0,27	»	2	»	9	1	3	1	10	2	6	8	1	»	»	»	»	»	»	»	»

OBSERVATION. — Pour le tir au ricochet on prendra 2 lignes de hausse de plus, et pour le tir le boîtes à balles on prendra une charge plus forte de 0,122 kilogr.

TABLEAU n. 14. — Table de tir à balles des bouches à feu de l'artillerie de campagne.

DÉSIGNATION DES BOUCHES A FEU.	HAUSSES OU QUANTITÉS DONT LA LIGNE DE MIRE DOIT S'ABAISSER AUX DISTANCES DE					Nomb. moy par coup des balles qui ont frappé un pan. de 2 m de haut. sur	
	200 m.	300 m.	400 m.	500 m.	600 m.	20 m. de l'à 30 m.	40 m. de l. à 300 m.
	m	m	m	m	m	m	m
Canon de 12.	0,7500	0,009	0,041	0,068	0,068	11	6,6
» de 8.	0,750	0,0090	0,041	0,068	0,068	9,5	5
Obusier de 6° grande charg.	0,750	0,023	0,545	0,068	0,068	16,6	15
» de 24 »	0,750	00,23	0,045	0,068	0,068	14,3	17,5

TABLEAU n. 13.

Table de tir à boulet ou obus des bouches à feu de l'artillerie de campagne et de montagne.

DÉSIGNATION des BOUCHES À FEU.	HAUSSES OU QUANTITÉS DONT LA LIGNE DE MIRE DOIT S'ABAISSER AU-DESSOUS DU BUT AUX DISTANCES DE									
	300m	400m	500m	600m	700m	800m	900m	1000m	1100m	1200m
Canons de 12	-5,	-2,45	-0,70	0,004	0,013	0,022	0,034	0,046	0,059	0,072
Canons de 8	-2,67	-1,40	0,00	0,008	0,017	0,028	0,039	0,054	0,071	0,092
Obusiers de 6" g. charge	-1,35	-0,40	0,007	0,019	0,052	0,047	0,063	0,081	0,103	0,123
Obusiers de 6" p. charge	-0,00	0,016	0,035	0,054	0,073	0,094	0,113	0,133	0,155	0,176
Obusiers de 24 g. charge	-1,50	0,004	0,013	0,025	0,038	0,054	0,071	0,091	-0,114	0,155
Obusiers de 24 p. charge	-0,007	0,020	0,035	0,045	0,059	0,076	0,093	0,100	»	»

	200m	250m	300m	350m	400m	450m	500m	550m	600m	
Obusier de 12 (artill. de montagne).	-0,50	-0,005	0,008	0,013	0,020	0,025	0,034	0,048	0,059	»

DÉSIGNATION	NOMBRE POUR 100 DES COUPS PORTANTS DANS UN but de 12m de long, sur 2m de haut, à			DÉVIATION MOYENNE À		
	500m	800m	1200m	500m	800m	1200m
Canons de 12	70	50	15	1,63	4,60	7,00
Canons de 8	40	50	5	2,50	7,00	9,00
Obusiers de 6" g. charge	70	40	30	1,80	3,80	6,55
Obusiers de 6" p. charge	40	24	»	0,60	2,70	»
Obusiers de 24 g. charge	60	23	8	1,50	4,90	10,00
Obusiers de 24 p. charge	50	»	»	2,85	12,70	»

CONCLUSION.

Nous n'avons pu nous procurer aucune notice sur le tir des fusées de guerre en campagne. Cette branche de l'artillerie française est, de même que chez toutes les autres puissances, tenue secrète. On cherche, autant que possible, à la soustraire à la connaissance du public.

TABLEAU N° 11.

Composition d'une batterie de montagne.

PERSONNEL DE L'ARTILLERIE.			PERSONNEL DU TRAIN ET MATÉRIEL.			
GRADES.	HOMMES	MULETS		B. à feu et coff. à munitions.	MULETS	Conduct. de mulets
Capitaines.	1	»	Obusier de 12.	6	6	6
Lieutenants.	3	»	Affûts dont 1 de rechange.	7	7	7
			Coffres à munitions. . .	52	26	13
Total des officiers.. . .	4	»	Coffres p. outils des ouvr.	4	2	1
			Forge.	1	1	} 3
Maréchal-des-logis-chef. .	1	1	Mulets haut-le-pied. . .	»	4	
Fourrier..	1	1				
Sous-officiers.	3	3	Total.	»	46	30
Brigadiers.	6	6				
Maréchaux-ferrants. . .	3	»				
Canonniers.	50	»				
Trompettes.	3	»				
Sellier.	3	»				
Total des sous-offi. et sold.	70	11				
En tout.	74	11				

FIN.

TABLEAU n. 10. (Page 177.)

Etat du personnel et des chevaux de l'état-major d'un régiment d'artillerie, d'un escadron du train des parcs d'artillerie, des batteries, des compagnies du train, des dépôt-cadres et des pelotons hors-rang, sur le pied de paix et sur le pied de guerre, d'après l'ordonnance du 8 septembre 1833.

ÉTAT MAJOR.

	D'UN RÉGIMENT D'ARTILLERIE — pied de paix		D'UN RÉGIMENT D'ARTILLERIE — p. de guerre		D'UN ESCADRON, TRAIN DES PARCS D'ARTILLERIE — pied de paix		D'UN ESCADRON, TRAIN DES PARCS D'ARTILLERIE — p. de guerre	
	hom	chev	hom	chev	hom	chev	hom	chev
OFFICIERS.								
Colonel.	1	3	1	5	·	·	·	·
Lieutenant-colonel.	1	3	1	4	·	·	·	3
Chef d'escadron (dans le train, cap. major).	6	·	6	18	[illegible]	[illegible]	[illegible]	[illegible]
Major.	1	2	1	2	[illegible]	[illegible]	[illegible]	[illegible]
Capitaine instructeur.	1	2	1	6	[illegible]	[illegible]	[illegible]	[illegible]
Adjudants-majors.	2	·	2	1	[illegible]	[illegible]	[illegible]	[illegible]
Trésorier.	1	·	1	1	[illegible]	[illegible]	1	[illegible]
Adjudant-trésorier.	1	·	1	1	[illegible]	[illegible]	2	[illegible]
Chirurgien-major.	1	·	1	1	[illegible]	[illegible]	[illegible]	[illegible]
Chirurgien aide-major.	2	·	2	2	[illegible]	[illegible]	[illegible]	2
Total des officiers.	17	10	17	44	5	8	8	17
PETIT ÉTAT-MAJOR.								
Adjudants sous-officiers.	3	2	3	2	·	·	2	2
Chef artificier.	1	·	1	·	[illegible]	[illegible]	[illegible]	[illegible]
Vétérinaire en chef.	1	1	1	1	[illegible]	[illegible]	[illegible]	[illegible]
Vétérinaires de deuxième classe.	3	3	3	3	[illegible]	[illegible]	2	1
Trompette-major.	1	1	1	1	[illegible]	[illegible]	[illegible]	[illegible]
Trompette-brigadier.	1	1	1	1	[illegible]	[illegible]	[illegible]	[illegible]
Total des sous-officiers de l'état-major.	10	8	10	8	3	5	6	3
En tout.	27	27	27	52	10	13	14	22

GRADES. — ARTILLERIE DE CAMPAGNE et TRAIN.

GRADES.	BATTERIE A CHEVAL pp hom	pp chev	pg hom	pg chev	BATTERIE A PIED pp hom	pp chev	pg hom	pg chev	CADRE DE DÉPOT pp hom	pp chev	pg hom	pg chev	PELOTON HORS-RANG pp hom	pp chev	pg hom	pg chev	COMPAGNIE pp hom	pp chev	pg hom	pg chev	CADRE DE DÉPOT pp hom	pp chev	pg hom	pg chev	PELOT. HORS-RANG pp hom	pp chev	pg hom	pg chev
Capitaines 1re / 2e	1	2	1	3	1	2	1	3	1	2	·	1	·	·	·	1	·	·	·	·	1	2	1	2	1	·	1	·
Lieutenants 1re / 2e	1	1	1	3	1	1	1	3	1	1	·	·	·	·	·	·	·	·	·	·	·	·	·	·	·	·	·	·
(peloton hors-rang : officiers d'habillement)																												
Total des officiers.	4	4	4	10	4	4	4	10	4	4	·	1	·	1	·	1	1	1	2	4	1	2	2	4	1	·	1	·
Adjudant de batterie.	[illegible]	[illegible]	1	1	[illegible]	[illegible]	1	1	[illegible]	[illegible]	·	·	[illegible]	[illegible]	[illegible]	[illegible]	[illegible]	[illegible]	1	1	[illegible]	[illegible]	[illegible]	[illegible]	[illegible]	[illegible]	[illegible]	[illegible]
Maréchal-des-logis chef.	[illegible]	[illegible]	1	1	[illegible]	[illegible]	1	1	[illegible]	[illegible]	·	·	[illegible]	[illegible]	[illegible]	[illegible]	[illegible]	[illegible]	6	6	[illegible]	[illegible]	[illegible]	[illegible]	[illegible]	[illegible]	[illegible]	[illegible]
Maréchaux-des-logis.	6	6	8	8	3	5	8	8	[illegible]	[illegible]	·	·	[illegible]	[illegible]	[illegible]	[illegible]	[illegible]	[illegible]	18	16	[illegible]	[illegible]	[illegible]	[illegible]	[illegible]	[illegible]	[illegible]	[illegible]
Fourriers.	[illegible]	[illegible]	2	2	[illegible]	[illegible]	2	2	[illegible]	[illegible]	·	·	[illegible]	[illegible]	[illegible]	[illegible]	[illegible]	[illegible]	[illegible]	[illegible]	[illegible]	[illegible]	[illegible]	[illegible]	[illegible]	[illegible]	[illegible]	[illegible]
Brigadiers.	[illegible]	[illegible]	12	12	[illegible]	[illegible]	12	6	[illegible]	[illegible]	·	·	[illegible]	[illegible]	[illegible]	[illegible]	[illegible]	[illegible]	[illegible]	[illegible]	[illegible]	[illegible]	[illegible]	[illegible]	[illegible]	[illegible]	[illegible]	[illegible]
Artilleurs.	16	32	75	24	16	24	54	66	[illegible]	[illegible]	·	·	[illegible]	[illegible]	[illegible]	[illegible]	[illegible]	[illegible]	[illegible]	[illegible]	[illegible]	[illegible]	[illegible]	[illegible]	[illegible]	[illegible]	[illegible]	[illegible]
Canonniers servants 1 / 2	34		64	96	16		44	66	[illegible]	[illegible]	·	·	[illegible]	[illegible]	[illegible]	[illegible]	[illegible]	[illegible]	[illegible]	[illegible]	[illegible]	[illegible]	[illegible]	[illegible]	[illegible]	[illegible]	[illegible]	[illegible]
Canonniers conducteurs 1 / 2	16	24	40	130	16		66	180	[illegible]	[illegible]	·	·	[illegible]	[illegible]	[illegible]	[illegible]	50	20	46/66	100	[illegible]	[illegible]	[illegible]	[illegible]	[illegible]	[illegible]	[illegible]	[illegible]
Soldats du train 1 / 2	[illegible]	[illegible]	[illegible]	[illegible]	[illegible]	[illegible]	[illegible]	[illegible]	[illegible]	[illegible]	·	·	[illegible]	[illegible]	51	·	[illegible]	[illegible]	[illegible]	[illegible]	[illegible]	[illegible]	[illegible]	[illegible]	[illegible]	[illegible]	[illegible]	[illegible]
Ouvriers.	1	·	4	4	1	·	4	4	[illegible]	[illegible]	·	·	[illegible]	[illegible]	[illegible]	[illegible]	[illegible]	[illegible]	2	2	[illegible]	[illegible]	2	2	[illegible]	[illegible]	[illegible]	[illegible]
Forgerons.	2	·	3	3	2	·	3	3	[illegible]	[illegible]	·	·	[illegible]	[illegible]	[illegible]	[illegible]	[illegible]	[illegible]	2	2	[illegible]	[illegible]	2	2	[illegible]	[illegible]	[illegible]	[illegible]
Selliers.	1	·	2	2	1	·	2	2	[illegible]	[illegible]	·	·	[illegible]	[illegible]	[illegible]	[illegible]	[illegible]	[illegible]	2	2	[illegible]	[illegible]	2	2	[illegible]	[illegible]	[illegible]	[illegible]
Trompettes.	3	3	3	2	3	3	3	2	[illegible]	[illegible]	·	·	[illegible]	[illegible]	[illegible]	[illegible]	[illegible]	[illegible]	[illegible]	[illegible]	[illegible]	[illegible]	[illegible]	[illegible]	[illegible]	[illegible]	[illegible]	[illegible]
Total des sous-officiers et soldats.	90	72	122	158	96	54	212	204	10	10	·	·	51	·	91	·	50	20	132	212	·	·	16	14	28	·	29	·
Enfants de troupe.	2	·	2	·	·	·	2	·	2	·	·	·	2	0	2	·	2	·	2	·	·	·	·	2	2	·	2	·

[illegible]
[illegible]
[illegible]

[illegible]

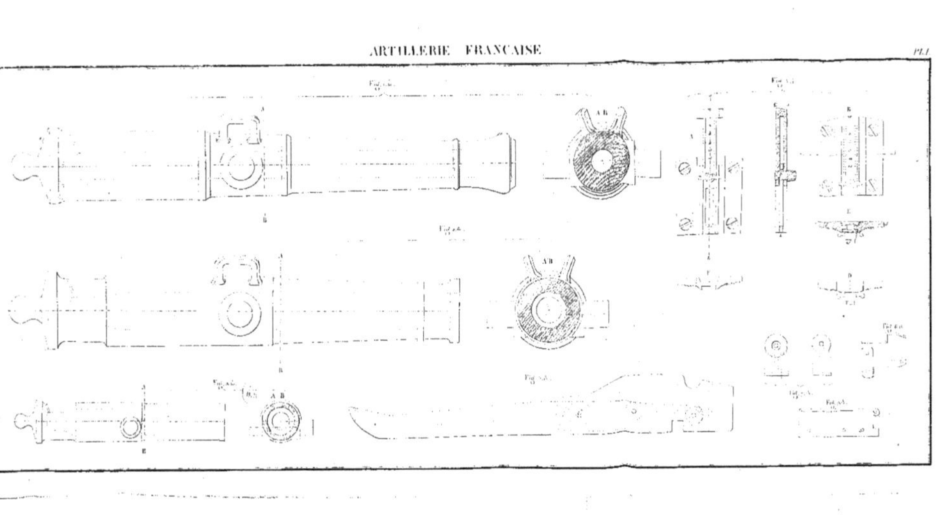

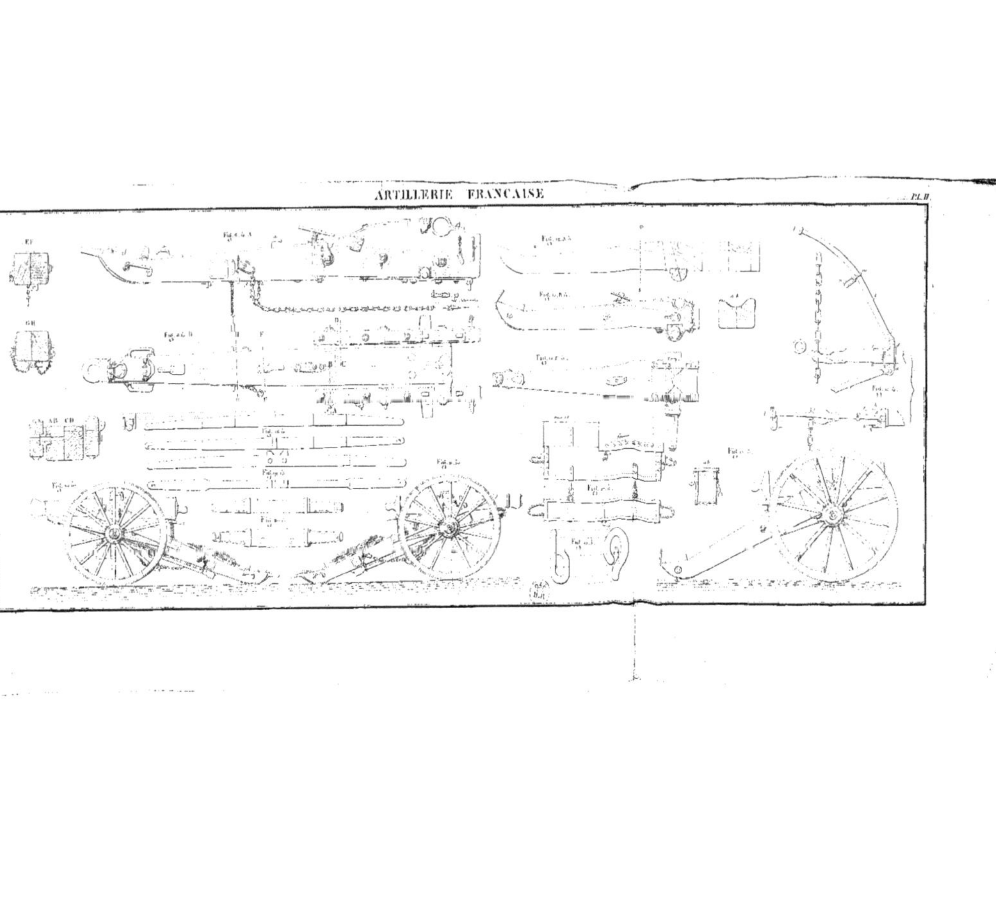

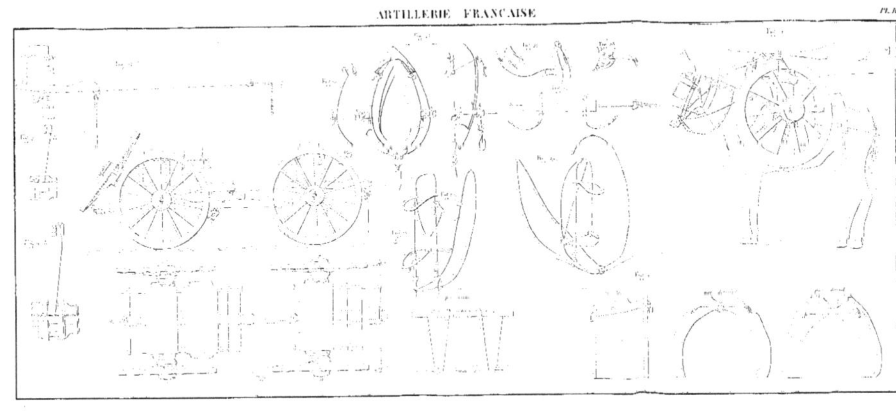

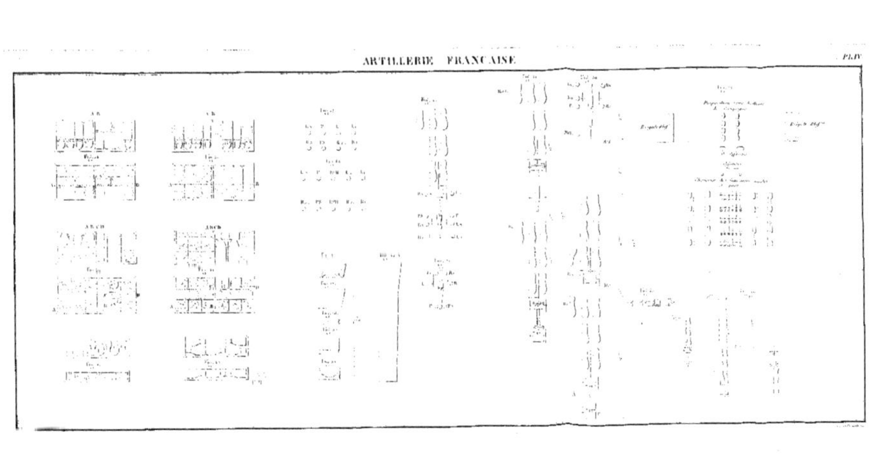

IMPRIMERIE HYDRAULIQUE DE GIROUX ET VIALAT,
Saint-Denis-du-Port, près Lagny.

www.ingramcontent.com/pod-product-compliance
Ingram Content Group UK Ltd.
Pitfield, Milton Keynes, MK11 3LW, UK
UKHW021907070726
13613UKWH00001B/383